秸秆发电经济性与环境影响评价研究

吴金卓 著

科学出版社

北 京

内 容 简 介

本书较为系统、全面地介绍秸秆资源能源化利用过程中涉及的秸秆收储运系统的运营模式、秸秆资源量评估方法、基于 ArcGIS 的秸秆发电厂厂址选择、秸秆发电厂生物质燃料供应成本优化分析、秸秆发电厂经济可行性评价、秸秆直燃发电系统环境影响评价、秸秆-煤混燃发电系统环境影响评价。本书较好地体现了理论研究和实证研究相结合的特点，综合运用数学建模、ArcGIS 空间分析、通用代数建模系统等，结合具体的秸秆能源化利用企业的实际数据进行深入剖析，研究过程严谨、研究框架合理、研究结论真实可信，对促进秸秆能源化利用研究及相关政策的制定具有重要作用。

本书可供从事秸秆能源化利用研究的科研院所、大专院校的师生阅读，也可供相关行业的各级管理人员与工程技术人员参考。

图书在版编目(CIP)数据

秸秆发电经济性与环境影响评价研究/吴金卓著. —北京：科学出版社，2018.12

ISBN 978-7-03-060263-3

Ⅰ. ①秸… Ⅱ. ①吴… Ⅲ. ①秸秆-发电-研究 Ⅳ. ①TM619

中国版本图书馆 CIP 数据核字（2018）第 292439 号

责任编辑：任锋娟 王 琳 / 责任校对：王万红
责任印制：吕春珉 / 封面设计：东方人华平面设计部

科学出版社出版
北京东黄城根北街 16 号
邮政编码：100717
http://www.sciencep.com

北京虎彩文化传播有限公司 印刷
科学出版社发行 各地新华书店经销
*
2018 年 12 月第 一 版 开本：B5（720×1000）
2018 年 12 月第一次印刷 印张：8 3/4
字数：177 000

定价：70.00 元

（如有印装质量问题，我社负责调换〈虎彩〉）
销售部电话 010-62136230 编辑部电话 010-62135741（BF02）

前　言

随着我国经济的快速增长，能源需求逐年攀升。目前，我国能源消费量的增长速度已经超过了世界其他国家，由此产生的能源安全和环境问题日益严峻。为了实现经济社会的可持续发展，降低对化石能源的依赖程度，改善生态环境，我国正在大力开发和利用生物质能、风能、水能和太阳能等可再生能源。生物质能因清洁性、环保性和较强的可获得性而颇具发展潜力。生物质能利用技术包括直接燃烧技术、生物质发电技术、液体燃料技术、压缩成型燃料技术等。其中，生物质发电技术是将生物质转化为可利用的能源，再转化为电能的一种技术，也是目前最具开发利用规模的生物质资源利用形式。大力提倡和发展生物质发电，可以改善我国能源结构，有效地减少温室气体的排放，改善日益恶化的生态环境，对实现我国经济社会的可持续发展具有重要意义。

近年来，笔者在生物质能开发与利用、生物质秸秆发电项目选址与经济性评价、生物质秸秆直燃发电和混燃发电生命周期评价等方面进行了大量的研究工作，并取得了丰硕的研究成果，其间得到了黑龙江省政府博士后资助经费项目“黑龙江省生物质发电和风能项目生命周期评价”、中央高校基本科研业务费专项资金项目“黑龙江省可再生能源生命周期评价”的资助与支持。为了更好地总结和展示相关的研究成果，笔者撰写了本书。

本书分为 8 章，具体内容如下：第 1 章，介绍秸秆资源的相关基础知识；第 2 章，介绍秸秆资源收储运系统的运营模式；第 3 章，在现有估算生物质能方法的基础上，结合已有的相关统计资料和数据，估算出黑龙江省各地区农作物秸秆资源的数量；第 4 章，在 ArcGIS 平台上，采用线性模糊逻辑预测模型（linear fuzzy logic-based prediction model），结合层次分析法（analytic hierarchy process，AHP）和折中规划法（compromise programming，CP），得出适合于秸秆发电项目的厂址选择；第 5 章，以生物质秸秆供应成本最小化为目标，构建一个基于集中型收储运模式的多时期、多来源生物质秸秆到厂成本优化模型，并进行实例分析；第 6 章，在 GAMS 平台上构建一个数学优化模型来评估生物质秸秆发电厂的经济可行性，并进行模型应用和敏感性分析；第 7 章，以黑龙江省国能望奎生物发电有限公司为研究对象，采用生命周期评价（life cycle assessment，LCA）方法对秸秆直燃发电系统每发电 10 000kW·h 的资源消耗和环境影响进行评价；第 8 章，以黑龙江省大庆市大同区的新华火力发电厂为例，假设将该发电厂改造成混燃发电厂，生物质秸秆掺混比例为 5%（能量百分比），采用生命周期评价方法对煤和生物质秸秆混燃发电系统每发电 10 000kW·h 的资源消耗和环境影响进行评价。

本书在撰写过程中，参考了很多相关研究者的文献资料，在数据处理过程中也得到了许文秀、马琳、孙亚琪等的大力支持，在此一并表示衷心的感谢。

由于本书涉及面广，笔者水平和掌握的资料有限，书中难免存在不妥之处，敬请广大读者批评指正。

吴金卓

2018 年 6 月

目　录

第 1 章　秸秆资源能源化利用概述

1.1　秸秆资源概述

1.1.1　秸秆的定义及分类

对于“秸秆”一词，《辞海》给出的定义是：“农作物脱粒后剩下的茎。”一般认为，秸秆是指农作物收获后的田间剩余作物副产物，包括茎和叶[1]。《农作物秸秆资源调查与评价技术规范》（NY/T 1701—2009）对“秸秆”给出了比较明确的定义：农业生产过程中，收获了稻谷、小麦、玉米等农作物籽粒后，残留的不能食用的茎、叶等农作物副产品，不包括农作物地下部分[2]。也有学者给出了秸秆的广义定义[1]，即农作物秸秆不仅包括农业生产过程中的剩余部分，还包括农产品加工过程中的副产品：①禾本科作物秸秆，包括大麦秸秆、燕麦秸秆、小麦秸秆、黑麦秸秆、水稻秸秆、高粱秸秆、玉米秸秆及薯类藤蔓等；②豆类秸秆，包括黄豆秸秆、蚕豆秸秆、豌豆秸秆、豇豆秸秆、羽扇豆秸秆和花生藤蔓等；③亚热带植物副产品，包括甘蔗渣、剑麻渣、香蕉秆和叶等；④农作物加工过程中的副产品，包括玉米芯、各种麦类的糠麸、各种水稻的壳和米糠等。

禾本科主要农作物秸秆（小麦秸秆、玉米秸秆、水稻秸秆）如图 1-1 所示。

图 1-1　禾本科主要农作物秸秆

根据物理特性和燃烧特性的不同，秸秆又可以分为两类：黄色秸秆和灰色秸秆。黄色秸秆主要包括小麦秸秆、水稻秸秆、玉米秸秆等，具有体积大、质量轻、密度小等特点[3]；灰色秸秆主要包括棉花秸秆、树枝、荆条、木材下脚料等密度较大的木本类植物，具有密度相对较大、来源相对分散等特点[4]。

1.1.2　秸秆的组成成分

秸秆的组成成分对其能量特性和能源潜力有着十分重要的影响。国内外学者对玉米秸秆、小麦秸秆、高粱秸秆、燕麦秸秆、苜蓿、甜菜秸秆等各种农业生物质的化学组成、工业组成、元素组成、热重分析、矿质元素等进行了大量研究[5-11]。其中，牛文娟[11]在收集了我国各地区的小麦秸秆、水稻秸秆、玉米秸秆、油菜秸秆和棉花秸秆共 1 095 个样品的基础上，对其组成成分和能源潜力进行了分析，得到了这些农作物秸秆的组成成分的统计分析结果，如表 1-1 所示。

表 1-1　主要农作物秸秆的组成成分

组成成分		小麦秸秆（n=328）	水稻秸秆（n=148）	玉米秸秆（n=341）	油菜秸秆（n=138）	棉花秸秆（n=140）	平均（n=1 095）
化学组成	纤维素/%DM	38.26±4.40[a]	41.30±3.60[b]	37.24±3.38[a]	41.63±5.26[c]	38.37±4.15[a]	38.80±4.10
	半纤维素/%DM	21.94±3.69[c]	18.65±2.90[b]	17.38±3.16[b]	14.84±2.31[a]	14.40±3.03[a]	18.39±3.74
	木质素/%DM	21.73±2.53[c]	18.51±3.04[a]	23.13±2.92[d]	19.95±2.56[b]	27.68±2.93[c]	22.62±3.87
元素组成	C/%DM	42.46±1.11[b]	40.67±1.80[a]	44.06±1.55[c]	42.89±1.21[b]	45.96±1.66[d]	43.27±2.40
	H/%DM	5.29±0.66[a]	5.27±0.72[a]	5.62±0.57[b]	5.86±0.30[c]	5.88±0.67[c]	5.58±0.65
	N/%DM	0.61±0.17[a]	0.87±0.23[c]	1.07±0.27[d]	0.77±0.40[b]	1.14±0.25[d]	0.86±0.32
	S/%DM	0.36±0.13[a]	0.36±0.14[a]	0.42±0.26[b]	0.63±0.20[c]	0.44±0.27[b]	0.43±0.21
	O/%DM	42.13±1.58[b]	40.95±2.32[a]	41.79±2.67[b]	43.43±1.54[c]	41.84±2.78[b]	41.57±2.53
矿质元素	P/（g/kg DM）	0.57±0.20[a]	1.21±0.33[d]	1.07±0.46[c]	0.81±0.65[b]	1.46±0.49[c]	0.93±0.58
	K/（g/kg DM）	24.26±8.04[c]	16.71±6.32[b]	17.94±7.89[b]	16.23±7.57[a]	13.45±4.65[a]	19.03±7.97
	Na/（g/kg DM）	0.93±1.20[b]	1.90±2.38[d]	0.15±0.23[a]	3.56±2.45[d]	2.28±1.31[c]	1.12±1.74
	Ca/（g/kg DM）	2.09±1.00[b]	2.76±1.79[a]	1.91±0.94[b]	7.78±2.42[d]	3.43±1.42[c]	2.59±1.88
	Mg/（g/kg DM）	1.23±0.67[a]	1.93±0.76[c]	2.54±1.01[c]	1.16±0.77[a]	1.78±0.82[b]	1.83±1.01
	Fe/（g/kg DM）	0.49±0.27[c]	0.34±0.21[b]	0.42±0.39[c]	0.22±0.16[b]	0.14±0.12[a]	0.39±0.32
	Cu/（mg/kg DM）	3.32±1.06[b]	3.47±1.85[b]	5.60±2.36[c]	2.02±1.23[a]	5.08±1.62[c]	4.34±2.15
	Zn/（mg/kg DM）	7.97±6.36[a]	26.73±22.78[c]	13.77±10.98[b]	12.89±9.98[b]	9.47±5.88[a]	12.22±11.89

注：DM 表示干物质；a，b，c，d，e，不同字母代表不同种类差异性显著，相同字母代表不同种类差异性不显著。

由表 1-1 可知，5 种农作物秸秆的各种组成成分均存在一定的显著性差异[11]。总体农作物秸秆的化学组成的平均含量：纤维素 38.80%，半纤维素 18.39%，木质素 22.62%。总体农作物秸秆的元素组成的平均含量：C 43.27%，H 5.58%，N 0.86%，S 0.43%，O 41.57%。总体农作物秸秆的矿质元素平均含量：P 0.93g/kg，K 19.03g/kg，Na 1.12g/kg，Ca 2.59g/kg，Mg 1.83g/kg，Fe 0.39g/kg，

Cu 4.34mg/kg，Zn 12.22mg/kg。

1.1.3　秸秆资源的特性

1. 可再生性

农作物秸秆是生物质能源的一种，与风能、太阳能等同属于可再生能源。农作物秸秆是一种具有多种用途的可再生生物能源，含 N、P、K、Ca、Mg、S 等的农作物有机质和养分有一半左右储存在秸秆中[12]。秸秆能源可以通过农作物、植物的光合作用再生，只要有阳光照射，农作物就可以不断地生长，秸秆能源也就不会枯竭。我国地大物博，广泛种植水稻、小麦、玉米、豆类等农作物，但由于南北地区的差异，造成了农作物种植时间、收获时间等的不同。我国南方地区大部分属于亚热带，土地多为水田，主要种植水稻、油菜等，农作物成熟时间为一年两熟到三熟；北方地区大部分属于暖温带，农作物成熟时间是一年两熟或两年三熟；而东北地区属于中温带，土地以旱地为主，种植的农作物多为小麦、玉米等，其成熟时间则是一年一熟。

2. 清洁性

农作物秸秆资源具有清洁性，这一特点既确保了人类社会的可持续发展，又大大降低了环境污染。首先，农作物秸秆在燃烧利用时产生的 CO_2，与农作物生长过程中吸收的 CO_2 基本达到了平衡，可以实现 CO_2 的零排放[13-15]。这对于有效缓解温室效应，降低空气中 CO_2 的含量都有积极的作用。其次，由于技术水平的不断提高，一些生物质发电厂也使用了环保型的新设备。这些设备可以捕捉大部分燃料燃烧时产生的温室气体，进一步降低了对空气的污染。更重要的是，农作物秸秆资源为氢氧化合物，农作物秸秆的主要元素组成为 C、H、O（表 1-1）。与煤炭能源相比，燃烧农作物秸秆所释放出的硫含量，要明显低于燃烧煤所释放出的硫含量。相比常规化石燃料，农作物秸秆造成空气污染和酸雨现象明显减少[16-19]。

3. 可储存性

农作物秸秆资源的可储存性和可运输性，对于农作物能源利用企业的连续生产起到了至关重要的作用。同时，农作物秸秆资源也具有明显的季节性和周期性，这给相关能源利用企业增加了不少成本[20]。

4. 分散性

农作物秸秆资源分布极为分散，面积广，来源丰富，而且廉价、易取。虽然农作物秸秆资源是可再生资源、清洁能源，但是农作物秸秆的能源密度低、形状松散，这不仅给农作物秸秆的收集增加了困难，还增加了农作物秸秆的运输费用和储存费用。能源企业想要解决这一问题，就要采取一定的预处理措施或者利用相关的能源转换技术，这些处理方法在一定程度上也增加了企业收集秸秆资源的成本[21,22]。与常规化石能源相比，农作物秸秆明显缺少足够的竞争力，因此限制了农作物秸秆资源大规模的利用。

1.1.4 我国秸秆资源概况

我国是农业大国，也是拥有丰富农作物秸秆资源的国家，其中水稻秸秆、小麦秸秆和玉米秸秆占农作物秸秆的大部分。据统计，每年我国主要农作物秸秆产量约为 7 亿 t，位居世界首位，折合 3.53 亿 t 标准煤，占全世界农作物秸秆总量的 30%左右[23,24]。

从秸秆资源区域分布来看，我国秸秆资源最丰富的地区是华北地区和长江中下游地区，两个地区的资源量约占全国总量的 50%；接下来是东北地区、西南地区和蒙新地区，秸秆理论资源量分别约为 1.41 亿 t、8 994 万 t 和 5 873 万 t，分别占全国总量的 17.2%、10.97%和 7.16%；华南地区和黄土高原地区则是秸秆理论资源量较低的地区，分别是 5 490 万 t 和 4 404 万 t，约占全国总量的 6.7%和 5.37%；秸秆理论资源量最少的地区是青藏地区，仅为 68 万 t，约占全国总量的 0.57%[25]。

1.1.5 农作物秸秆资源的综合利用

秸秆作为农作物的副产品，除了作为能源利用外，还是工农业的重要生产资源，可用作燃料、肥料、饲料及养殖等副业的生产原料，用途广泛。图 1-2 为农作物秸秆综合利用图。

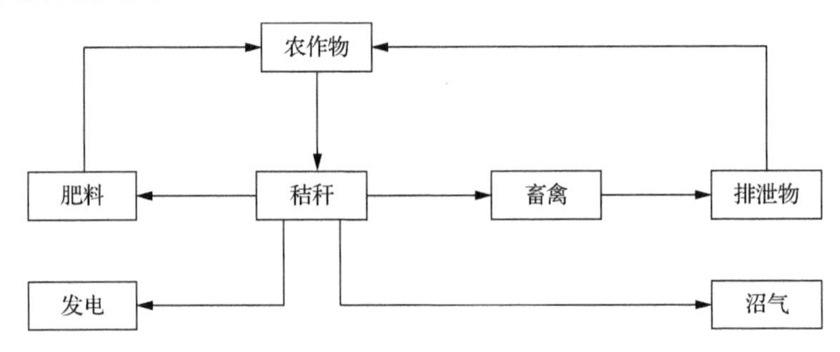

图 1-2　农作物综合利用图

1. 农作物秸秆直接还田

在各种形式的农作物秸秆利用方式中，最方便、最直接、经济效益最好的利用方式就是农作物秸秆粉碎后直接还田。农作物秸秆直接还田可以有效地补充和平衡土壤中各种有机物和养分的比例，间接改良土壤结构，对提高农作物资源利用率和耕地基础能力、实现农业的可持续发展等方面都具有重要意义。每年适宜数量的农作物秸秆直接还田不仅能保证粮食持续稳定地增产，还能保证土壤中有机质的含量水平。如果 1 亩（1 亩≈667m^2）耕地还田 500kg 玉米秸秆，那么就相当于施肥 2 500kg，经过一年，土壤中有机质的含量就相对提高 0.05%～0.23%[26]。连续多年进行农作物秸秆直接还田，土壤中的有机物和微量元素不仅不会减少，还会使农作物单产逐年增加。

2. 饲料化利用

农作物秸秆是草食性家畜重要的饲料来源。秸秆含有丰富的纤维素、半纤维素和木质素，按其质量计算分别占到秸秆质量的 40%～50%、20%～40%、10%～25%。这些大分子非淀粉类物质经过相应的处理后，分解为极易被家畜吸收的单糖物质。根据专家估算，1t 普通秸秆的营养价值相当于等量粮食营养价值的 1/4。秸秆饲料化利用方式主要包括青储、氨化、碱化-发酵双重处理、膨化、热喷及生产单细胞蛋白，从而使农作物秸秆中的纤维素、半纤维素、木质素等转化为含有丰富菌体蛋白、微生物等成分的生物蛋白质饲料。其中，碱化-发酵双重处理技术和热喷技术是目前较为理想的秸秆饲料化利用技术。

3. 用作食用菌基料

农作物秸秆和其他农副产品的废弃物及大量零散木材、残留树枝、木屑等都是食用菌基料栽培的优质原材料。近年来，食用菌以其丰富的营养成分，越来越受到人们的喜爱。养殖食用菌是一项投资少、收益快，而且市场需求量大、利润丰厚、有广阔发展前景的项目。目前，国内外用各种秸秆栽培的食用菌品种已达 20 多种。农作物秸秆不仅可以培育草菇、香菇、凤尾菇等一般品种，还可以培育黑木耳、银耳、猴头菇、毛木耳、金针菇等名贵品种。相关数据表明：100kg 稻草秸秆可以培育平菇 160kg 或黑木耳 60kg；100kg 玉米秸秆可以培育平菇或香菇等 100～150kg，培育银耳或猴头菇、金针菇等 50～100kg[27]。

4. 秸秆制沼气

沼气是有机物质在厌氧条件下，经过一定的发酵作用而生成的一种以 CH_4 为主的气体。秸秆制沼工程是通过处理农作物秸秆（小麦秸秆、玉米秸秆、花生秸秆、大豆秸秆等）、畜禽粪便、生活垃圾等有机废物生产沼气的工程。该工程不仅充分利用了农村废弃物资源，还产生了沼液和沼渣等高效有机肥，是一项环保的生物质产业。

5. 秸秆发电

秸秆发电，就是以农作物秸秆为主要燃料的一种发电方式，可分为秸秆气化发电和秸秆燃烧发电，是秸秆资源优化利用的主要形式之一。随着《中华人民共和国可再生能源法》（简称《可再生能源法》）和《可再生能源发电价格和费用分摊管理试行办法》等相关法律法规的出台，农作物秸秆发电项目备受关注，并且呈现快速增长的趋势。

1.2 秸秆资源能源化利用技术

1.2.1 气化技术

秸秆气化，是指在不完全燃烧的条件下，利用空气中的 O_2 或含氧物质作为气化剂，将秸秆等生物质转化为 CO、H_2、CH_4 等可燃气体的过程。目前，气化技术是秸秆等生物质热化学转化技术中较具实用性的一种，将低品位的固态秸秆原料转化为高品位的可燃气体，不仅可以用于驱动内燃机、热气机发电及农用灌溉设备，还可以用于炊事、采暖和农产品烘干等[12]。

1.2.2 固体成型技术

固体成型技术是提高秸秆能源密度、改善秸秆燃烧特性的重要途径。秸秆固体成型燃料燃烧效率高、用途广，既可作为农村居民的炊事和取暖燃料，又可以作为农业畜禽养殖、种植暖房的燃料，还可作为城镇集中供热取暖的燃料。

固体成型技术，是在一定的温度和压力作用下，利用木质素充当黏合剂将松散的秸秆、树枝和木屑等农林生物质压缩成棒状、块状或颗粒状等成型燃料的技术[12]。不同生物质制成的固体成型燃料如图 1-3 所示。压缩后的成型燃料体积缩小，密度为 0.8～1.4g/cm^3，提高了运输和储存能力；热值为 14 630～16 720J/kg，能源密度相当于中质烟煤。典型生物质颗粒成型燃料特性如表 1-2 所示。

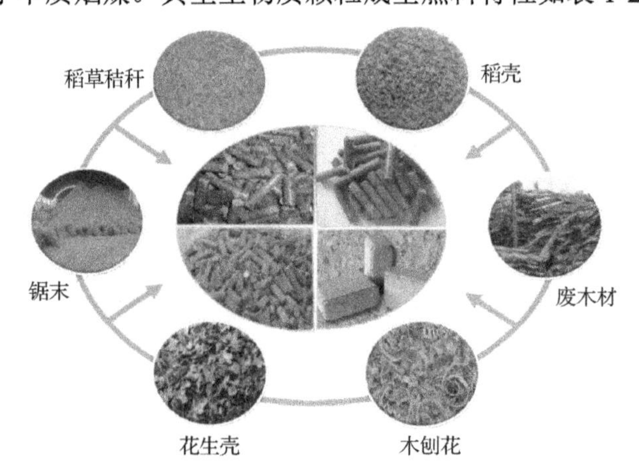

图 1-3 不同生物质制成的固体成型燃料

表 1-2　典型生物质颗粒成型燃料特性

参数	玉米秸秆	棉花秸秆	小麦秸秆	落叶松	混合木质
堆积密度/（kg/cm^3）	532	541	539	568	562
颗粒密度/（g/cm^3）	1.12	1.15	1.08	1.18	1.12
机械耐久性/%	97.5	98.1	96.5	97.5	97.1
高位发热量/（MJ/kg）	15.13	13.15	15.22	16.83	16.3
水分 M_{ad}/%	9.15	8.42	8.79	7.63	9.14
挥发分 V_{ad}/%	75.58	62.33	72.01	85.55	72.65
灰分 A_{ad}/%	7.71	21.69	9.95	1.01	9.25
固定碳 F_{cad}/%	7.56	7.56	9.25	5.81	8.96

资料来源：田宜水，孟海波，孙丽英，等. 秸秆能源化技术与工程[M]. 北京：人民邮电出版社，2010.

1.2.3　液化技术

液化技术是把固体状态的生物质经过一系列生物或化学加工过程转化成液化燃料的清洁利用技术。根据加工过程的不同技术，液化技术可分为直接液化技术和间接液化技术[15]。生物质直接液化技术是向装有生物质、催化剂，以水或有机物为溶剂的反应器内通入 H_2、CO 或惰性气体，在适当的温度（150～400℃）和压力（5～30MPa）下使生物质进行热分解，进而得到液态油的技术。生物质间接液化技术是先将生物质在高温、高压条件下气化得到合成气，然后通过催化剂作用将合成气转化成烃类燃料、醇类燃料和化学品的过程。从工艺上看，生物质液化可分为生物化学法和热化学法。生物化学法主要是指采用水解、发酵等手段将生物质转化为燃料乙醇的方法。热化学法主要包括热裂解液化方法和加压催化液化方法等。

1.2.4　秸秆燃烧及发电技术

秸秆是一种清洁可再生能源，每 2t 秸秆的热值就相当于 1t 标准煤，而且其平均含硫量只有 0.38%，远低于标准煤 1%的平均含硫量，是当今世界仅次于煤炭、石油和天然气的第四大能源。秸秆燃料具有高松散性、低密度、高挥发分、低热值等特点，因此，在收集、储存和使用过程中存在一定的困难和不经济性。传统的秸秆资源利用主要是采用炉灶直接燃烧方式，其能源利用率只有 10%～15%，而且在燃烧过程中排放出大量的烟尘，造成环境污染。新的生物质能源利用方式，如秸秆发电技术能够克服上述缺点，已经成为生物质能现代化利用的重要方式之一。秸秆燃烧及发电技术是利用秸秆燃烧或秸秆转化为可燃气体燃烧发电的技术，主要包括直燃发电、混燃发电和气化发电三种方式[28]。

1. 直燃发电

秸秆直燃发电是指在特定的秸秆蒸汽锅炉中通入足够的 O_2 使秸秆原料氧化燃烧，产生蒸汽，进而驱动蒸汽轮机，带动发电机发电的过程[29]。秸秆直燃发电技术中的燃烧方式包括固定床燃烧和流化床燃烧等方式。前者只需将秸秆原料经过简单处理甚至无须处理就可投入炉排炉内燃烧，而后者则要求将秸秆原料进行破碎、分选等预处理再燃烧，其燃烧效率和强度都比固定床燃烧方式高[30]。单纯的秸秆直燃发电的效率很低，一般为20%～40%，而且发电过程中有大量的热能不能得到充分利用。为了增加直燃发电的能源利用效率，发电厂可以采用热电联产方式，同时生产热量和电力，这样热效率可以达到 80%～90%，既提高了能源的综合利用效率，又改善了供热质量，增加了生物质发电厂的经济效益。

2. 混燃发电

混燃发电是指在传统的燃煤发电锅炉中将秸秆和煤以一定的比例进行混合燃烧发电的过程。秸秆与煤混合燃烧的方式有两种：①秸秆直接与煤混合燃烧，产生蒸汽，带动蒸汽轮机发电。②将秸秆在气化炉中气化产生的燃气与煤混合燃烧，产生蒸汽，带动蒸汽轮机发电。前者的燃烧要求很高，并不适用于所有燃煤发电厂，而后者的通用性较好，对原燃煤系统的影响也比较小[30]。混燃发电被认为是一种近期可以实现的、相对低成本的秸秆发电技术。相关研究表明，在混燃发电中，如果将燃料供应系统和燃烧锅炉稍作修改，秸秆的能量混合比例可以达到15%，而整个发电系统的效率能达到33%～37%。受秸秆资源分布分散、能量密度低、运输效率低、储存占地大和储存安全风险大等因素的影响，采用秸秆直燃发电技术的发电厂的规模一般不大，主要是利用当地的秸秆资源，运输距离短。而将秸秆与常规的煤炭混合燃烧发电，既可以充分利用现有的燃煤电厂的投资和基础设施，又能减少传统污染物（SO_2 和 NO_x）和温室气体的排放，对于秸秆燃料市场的形成和区域经济的发展都将起到积极的促进作用。

3. 气化发电

气化发电是指秸秆原料气化后，产生可燃气体（CO、H_2、CH_4 等），经过除焦净化后燃烧，推动内燃机或燃气轮机发电设备进行发电[31]。从发电规模上看，秸秆气化发电系统可分为小型秸秆气化发电系统（<200kW）、中型秸秆气化发电系统（500～3 000kW）和大型秸秆气化燃气轮机联合循环发电系统（>5 000kW）3 种。小型秸秆气化发电系统一般采用内燃发电机组，所需秸秆数量少且品种单一，比较适合照明用电或小企业用电；中型秸秆气化发电系统大多采用流化床或循环流化床的形式，因其适用多种秸秆、技术较成熟，是当前秸秆气化技术的主要方式[32]。以 1 000kW 的秸秆气化发电系统为例，在正常运行情况下，秸秆循环流化床气化发电系统的气化效率大约为 75%，系统发电效率为 15%～18%。大型秸秆气化燃气轮机联合循环发电系统的功率为 5～10MW，效率为 35%～40%，但关键技术仍未成熟，尚处在示范和研究阶段[33,34]。

1.3　秸秆资源能源化利用的意义

随着经济的发展，人类社会越来越受到能源危机和环境污染的困扰和威胁。我国是世界上最大的煤炭生产国和消费国，煤炭消费量约占商品能源消费总量的 76%。2011 年 1～5 月，我国原油消费量达到 1.91 亿 t，对外依存度高达 55.2%，首次超越美国（53.5%）。根据《中国能源发展报告 2017》，2017 年中国原油净进口量已经达到 4.2 亿 t，原油对外依存度达到 67.4%。常规化石能源的使用不仅成为我国大气污染的主要来源，而且关系到国家的能源安全。因此，大力开发新能源和再生能源技术不仅可以缓解化石燃料的供应压力，而且对于保障能源安全、实现能源结构多元化、改善生态环境、促进循环经济的发展都可以起到非常重要的作用[35,36]。

作为农业大国，我国的农作物秸秆资源十分丰富，这些资源可以用来发电、供气、生产液体燃料和固体燃料等。秸秆资源能源化利用的意义可以从以下几个方面阐述。

1. 有助于缓解农村能源短缺的形势

我国是一个能源较为短缺的国家。从能源供应方面看，我国农村能源更为缺乏，基础设施落后。近年来，尽管煤炭、天然气、液化气等商品能源在农村地区的使用量迅速增加，但是受到资源条件和供应渠道的限制，一些农村地区仍将秸秆和薪柴等生物质能作为主要生活燃料。秸秆资源的能源化利用既可以提高秸秆资源的燃用效率，又可以替代煤炭、石油、天然气等不可再生的化石能源，对于增加农村能源供应、改善农村能源消费结构、解决农村能源供应困境具有重要的现实意义。

2. 有利于电力调峰

在可再生能源中，风能和太阳能资源储量巨大，但是资源的可控性较差，发电并网后需要其他电源为其提供调峰服务。而生物质能源是可再生能源中能在收、储、运、转换等各个环节进行人工干预和精确控制的资源种类，因此发展生物质秸秆发电产业，不仅不需要为其配置调峰服务，反之其还可以为电网提供调峰服务[28]。

3. 有利于改善生态环境

随着农村居民生活水平的提高，更为便捷的商品能源在农村得到普及，农民对秸秆的需求显著减少，大量的农作物秸秆无法得到充分利用，甚至被露天焚烧。秸秆焚烧促进了雾霾天气的形成，并产生大量有毒有害物质，对人和其他生物的健康造成威胁。秸秆焚烧的危害主要有以下几个方面。

1）引发交通事故，影响道路交通和航空安全。焚烧秸秆形成的浓烟，使空气能见度降低，可见范围降低，直接影响民航、铁路、高速公路的正常运营，容易引发交通事故，影响人身安全。

2）引发火灾。秸秆焚烧极易引燃周围的易燃物，导致“火烧连营”，一旦引发麦田大火，往往很难控制，易造成经济损失。尤其是在山林附近，一旦引发山林火灾，后果更是不堪设想。

3）破坏土壤结构，造成农田质量下降。秸秆焚烧会使地表中的微生物被烧死，腐殖质、有机质被矿化，田间焚烧秸秆破坏了生物系统的平衡，改变了土壤的物理性状，加重了土壤板结，降低了地力，加剧了干旱，农作物的生长因此受到影响。

4）产生大量有毒有害物质，威胁人与其他生物的健康。

作为一种清洁可再生能源，秸秆资源的能源化高效利用将有效地减少因秸秆焚烧而产生的碳排放，从而缓解全球变暖的趋势。在实现秸秆资源无害化和资源化的同时，有效地改善农村的居住环境，提高农民的生活水平。

4. 有利于农民的增产增收

秸秆综合利用对建设社会主义新农村、解决“三农”问题、促进农民就业和增收意义重大。据测算，一台 25MW 生物质直燃发电机组，按照每年使用 6 000h 计算，年发电量可达 1.3 亿 kW·h，新增产值近亿元，秸秆的收集、运输、加工等环节为当地农民增加就业岗位 1 000 余个[22]。秸秆能源综合化利用可解决农村秸秆禁烧难、出路难等问题，将农业废弃物转化为优质能源，形成多能互补，替代煤炭等其他能源，形成产业化，改善农民生产、生活及居住环境，促进农民增收，对全面建成小康社会具有重大意义。

1.4　我国秸秆能源化利用的产业政策

1.4.1　《可再生能源法》

《可再生能源法》是为了促进可再生能源的开发利用，增加能源供应，改善能源结构，保障能源安全，保护环境，实现经济社会的可持续发展而制定的。《可再生能源法》（由第十届全国人民代表大会常务委员会第十四次会议于 2005 年 2 月 28 日通过，自 2006 年 1 月 1 日起施行。根据 2009 年 12 月 26 日第十一届全国人民代表大会常务委员会第十二次会议《关于修改〈中华人民共和国可再生能源法〉的决定》修正）第二条规定：“本法所称可再生能源，是指风能、太阳能、水能、生物质能、地热能、海洋能等非化石能源。”《可再生能源法》明确了可再生能源在国家能源发展中的地位，将发展可再生能源提高到促进经济和社会可持续发展的战略高度。《可再生能源产业发展指导目录》《可再生能源发电有关管理规定》《可再生能源发电价格和费用分摊管理试行办法》等实施细则，进一步规定了可再生能源发电上网、固定电价和费用分摊等，明确指出电网企业的责任，确保可再生能源发电全额上网；生物质发电项目上网电价标准由各省（自治区、直辖市）2005 年脱硫燃煤机组标杆上网电价加补贴电价（标准为 0.25 元/kW·h）组成，发电项目自投产之日起，15 年内享受补贴电价。

1.4.2　《国务院办公厅关于加快推进农作物秸秆综合利用的意见》

为加快推进秸秆综合利用，实现秸秆的资源化、商品化，促进资源节约、环境保护和农民增收，国务院办公厅于 2008 年 7 月 27 日发布了《国务院办公厅关于加快推进农作物秸秆综合利用的意见》。其主要目标是使秸秆资源得到综合利用，解决由于秸秆废弃和违规焚烧带来的资源浪费和环境污染问题，力争到 2015 年，基本建立秸秆收集体系，基本形成布局合理、多元利用的秸秆综合利用产业化格局，秸秆综合利用率超过 80%。在政策扶持力度方面，加大资金投入，对秸秆发电、秸秆气化、秸秆燃料乙醇制备技术及秸秆收集贮运等关键技术和设备研发给予适当补助；实施税收和价格优惠政策，把秸秆综合利用列入国家产业结构调整和资源综合利用鼓励与扶持的范围，针对秸秆综合利用的不同环节和不同用途，制定和完善相应的税收优惠政策。完善秸秆发电等可再生能源价格政策。

1.4.3　《秸秆能源化利用补助资金管理暂行办法》

2008 年，为加快推进秸秆能源化利用，培育秸秆能源产品应用市场，根据《可再生能源法》《国务院办公厅关于加快推进农作物秸秆综合利用的意见》《可再生能源发展专项资金管理暂行办法》，中央财政将安排资金支持秸秆产业化发展。为加强财政资金管理，提高资金使用效益，2008 年财政部制定了《秸秆能源化利用补助资金管理暂行办法》。

《秸秆能源化利用补助资金管理暂行办法》所指秸秆包括水稻、小麦、玉米、豆类、油料、棉花、薯类等农作物秸秆及农产品初加工过程中产生的剩余物。该暂行办法的支持对象为从事秸秆成型燃料、秸秆气化、秸秆干馏等秸秆能源化生产的企业。对企业秸秆能源化利用项目中属于并网发电的部分，按《可再生能源发电价格和费用分摊管理试行办法》的规定，享受扶持政策，不再给予专项补助。补助资金主要采取综合性补助方式，支持企业收集秸秆、生产秸秆能源产品并向市场推广。

《秸秆能源化利用补助资金管理暂行办法》中规定，申请补助资金的企业应满足以下条件：①企业注册资本金在 1 000 万元以上；②企业秸秆能源化利用符合本地区秸秆综合利用规划；③企业年消耗秸秆量在 1 万 t 以上（含 1 万 t)；④企业秸秆能源产品已实现销售并拥有稳定的用户。

对符合支持条件的企业，根据企业每年实际销售秸秆能源产品的种类、数量，折算消耗的秸秆种类和数量，中央财政按一定标准给予综合性补助。

1.4.4 《“十二五”农作物秸秆综合利用实施方案》

2011 年，国家发展改革委、农业部、财政部联合印发了《“十二五”农作物秸秆综合利用实施方案》。该实施方案是为了加快推进农作物秸秆综合利用，指导各地秸秆规划的实施等而制定的，并且以农业优先、多元利用，市场导向、政策扶持，科技推动、强化支撑，因地制宜、突出重点为基本原则。同时，该实施方案提出了到 2013 年秸秆综合利用率达到 75%，到 2015 年力争秸秆综合利用率超过 80%；基本建立较完善的秸秆田间处理、收集、储运体系；形成布局合理、多元利用的综合利用产业化格局的总体目标。

1.4.5 《农业部办公厅 财政部办公厅关于开展农作物秸秆综合利用试点 促进耕地质量提升工作的通知》

2016 年，《农业部办公厅 财政部办公厅关于开展农作物秸秆综合利用试点 促进耕地质量提升工作的通知》发布。该通知明确规定秸秆综合利用试点应坚持以下原则：一是集中连片、整体推进。优先支持秸秆资源量大、禁烧任务重和综合利用潜力大的区域，整县推进。二是多元利用、农用优先。因地制宜，多元利用，突出肥料化、饲料化、能源化利用重点，科学确定秸秆综合利用的结构和方式。三是市场运作、政府扶持。充分发挥农民、社会化服务组织和企业的主体作用，通过政府引导扶持，调动全社会参与的积极性，打通利益链，形成产业链，实现多方共赢。该通知还指出：首先，在秸秆综合利用试点方面要采取强力措施严禁秸秆露天焚烧、坚持农用为主推进秸秆综合利用、提高秸秆工业化利用水平、充分发挥社会化服务组织的作用。其次，在地力培肥及退化耕地治理方面要开展土壤肥力保护提升和退化耕地综合治理工作。

1.4.6 《关于编制“十三五”秸秆综合利用实施方案的指导意见》

2016 年，国家发展改革委办公厅、农业部办公厅印发了《关于印发编制“十三五”秸秆综合利用实施方案的指导意见》，要求各省依据各自资源禀赋、利用现状和发展潜力编制“十三五”秸秆综合利用实施方案，明确秸秆开发利用方向和总体目标，统筹安排好秸秆综合利用建设内容，完善各项配套政策，破解秸秆综合利用重点和难点问题，力争到 2020 年在全国建立较完善的秸秆还田、收集、储存、运输社会化服务体系，基本形成布局合理、多元利用、可持续运行的综合利用格局，秸秆综合利用率达到 85%以上。“十三五”期间，围绕秸秆肥料化、饲料化、能源化、基料化、原料化和收储运体系建设等领域，大力推广秸秆用量大、技术成熟和附加值高的综合利用技术，因地制宜地实施重点建设工程，推动秸秆综合利用试点示范。

参考文献

[1] 田宜水，孟海波，孙丽英，等. 秸秆能源化技术与工程[M]. 北京：人民邮电出版社，2010.

[2] 中华人民共和国农业部. 农作物秸秆资源调查与评价技术规范：NY/T 1701—2009[S]. 北京：中国标准出版社，2009.

[3] 李倩. 秸秆打包机的分层叠压技术研究[D]. 无锡：江南大学，2008.

[4] 李宁. 河南省生物质（秸秆、林业废弃物）发电现状、存在问题及对策研究[D]. 郑州：河南农业大学，2009.

[5] CROVETTO G M, GALASSI G, RAPETTI L, et al. Effect of the stage of maturity on the nutritive value of whole crop wheat silage[J]. Livest production science, 1998, 55(1):21-32.

[6] DEMIRBAS A. Relationships between heating value and ligin, moisture, ash and extractive contents of biomass fuels[J]. Energy exploration & exploitation, 2002, 20(1):105-111.

[7] GODIN B, LAMAUDIERE S, AGNEESSENS R, et al. Chemical characteristics and biofuel potential of several vegetal biomasses grown under a wide range of environmental conditions[J]. Industrial crops and products, 2013, 48:1-12.

[8] VASSILEV S V, BAXTER D, ANDERSEN L K, et al. An overview of the composition and application of biomass ash. Part 1. Phase-mineral and chemical composition and classification[J]. Fuel, 2013, 105:40-76.

[9] 付清茂，雒秋江，欧阳靖，等. 收获和窖存期间玉米秸秆养分变化的研究[J]. 新疆农业大学学报，2008，31（5）：46-50.

[10] 宋卫东，王教岭，王明友，等. 江苏省 3 个不同地区水稻秸秆的主要化学成分研究[J]. 安徽农业科学，2015，43（1）：179-181.

[11] 牛文娟. 主要农作物秸秆组成成分和能源利用潜力[D]. 北京：中国农业大学，2015.

[12] 姚宗路，赵立欣，田宜水，等. 黑龙江省农作物秸秆资源利用现状及中长期展望[J]. 农业工程学报，2009，25（11）：288-292.

[13] 赵亮，王勤辉，Ileleji K E，等. 生物质电站燃料供应系统物流模型建立与仿真[J]. 农业工程学报，2013，29（1）：180-188.

[14] 董一真，刘强．秸秆发电技术及效益分析[J]．能源与环境，2013（3）：39-41．
[15] 杨艳，朱庚富，王圣，等．秸秆发电环保性能研究[J]．环境科学与管理，2011，36（6）：139-142．
[16] 张百良．生物质成型燃料技术与工程化[M]．北京：科学出版社，2012．
[17] 周建斌．生物质能源工程与技术[M]．北京：中国林业出版社，2011．
[18] 田宜水．生物质发电[M]．北京：化学工业出版社，2010．
[19] 宋孝周，郭康权，冯德君，等．农作物秸秆特性及其重组材性能[J]．农业工程学报，2009，25（7）：180-184．
[20] 刘丽香，吴承祯，洪伟，等．农作物秸秆综合利用的进展[J]．亚热带农业研究，2006，2（1）：75-80．
[21] 高祥照，马文奇，马常宝，等．中国作物秸秆资源利用现状分析[J]．华中农业大学学报，2002，21（3）：242-247．
[22] 林昌虎，林绍霞，何腾兵，等．以秸秆综合利用为纽带的农业循环经济发展模式[J]．贵州农业科学，2008，36（5）：162-165．
[23] 孙永明，袁振宏，孙振钧，等．中国生物质能源与生物质利用现状与展望[J]．可再生能源，2006（2）：78-82．
[24] 陈玉华，田富洋，闫银发，等．农作物秸秆综合利用的现状、存在问题及发展建议[J]．中国农机化学报，2018，39（2）：67-73．
[25] 钟华平，岳燕珍，樊江文．中国作物秸秆资源及其利用[J]．资源科学，2003，25（4）：62-67．
[26] 赵树智．机械化保护性耕作技术的研究[J]．山西农业大学学报，2004（3）：270-272．
[27] 梁文俊，刘佳，刘春敬．农作物秸秆综合利用技术[M]．北京：化学工业出版社，2015．
[28] 吴金卓，马琳，林文树．生物质发电技术和经济性研究综述[J]．森林工程，2012，28（5）：102-106．
[29] 胡润清，秦世平，樊京春．中国生物质能技术路线图研究[M]．北京：中国环境科学出版社，2011．
[30] 吴创之，周肇秋，马隆龙，等．生物质发电技术分析比较[J]．可再生能源，2008，26（3）：34-37．
[31] 雒廷亮，许庆利，刘国际，等．生物质能的应用前景分析[J]．能源研究与信息，2003，19（4）：194-197．
[32] 应浩，蒋剑春．生物质气化技术及开发应用研究进展[J]．林产化学与工业，2005，25（S1）：151-155．
[33] 吴创之，马隆龙．生物质能现代化利用技术[M]．北京：化学工业出版社，2003．
[34] 马隆龙，肖艳京，任永志，等．生物质气化发电[J]．能源工程，2000（2）：4-6．
[35] 徐庆福．林业生物质能源开发利用技术评价与产品结构优化研究[D]．哈尔滨：东北林业大学，2007．
[36] 王雅鹏，孙凤莲，丁文斌，等．中国生物质能源开发利用探索性研究[M]．北京：科学出版社，2010．

第 2 章　秸秆资源收储运系统的运营模式

秸秆资源具有分布分散、季节性强、能量密度低等特点，这给秸秆收集、储存和运输造成了一定的不便，严重地制约了秸秆资源的大规模商业化利用。秸秆收储运就是将分散在田地里的秸秆，采用经济有效的收集方法和设备，及时进行收集、运输和存储或直接运输至秸秆利用企业[1]。如何建立合理、高效的秸秆收储运体系是秸秆资源大规模能源化利用首先必须解决的问题。本章对国内外的秸秆收储运系统的运营模式进行分析，并简要分析黑龙江省农作物秸秆收储运的现状及存在的问题。

2.1　国外农作物秸秆收储运模式

欧美等发达国家的农作物秸秆收获主要以使用机械为主，且以集中型收储运模式为主。其主要特点是要求有良好的收获、运输等配套机械。农作物秸秆收集已经形成了与秸秆综合利用产业相衔接、与农业技术相适宜、与农业产业经营相结合、与农业设备相配套的产业技术体系[2]。

国外典型的玉米秸秆、小麦秸秆收储运技术路线如图 2-1 和图 2-2 所示。玉米联合收获并经揉切后打成方捆，然后装载、运输、堆垛，或者经过揉搓后散装、

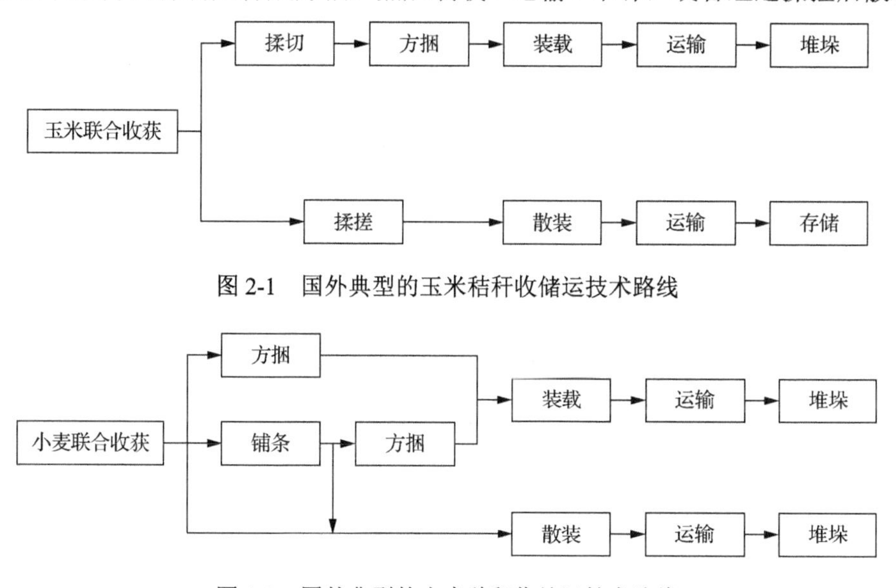

图 2-1　国外典型的玉米秸秆收储运技术路线

图 2-2　国外典型的小麦秸秆收储运技术路线

运输、存储；小麦联合收获后直接采用打捆机将秸秆打成方捆或铺条后再打成方捆，然后装载、运输、堆垛，或者直接散装运输然后堆垛。

2.2　国内农作物秸秆收储运模式

我国农作物秸秆量大、种类多，可利用潜力巨大。相对于欧美发达国家，我国农作物秸秆收储运体系还不够完善，且秸秆收集机械化整体水平还有待提高。但是，随着近几年秸秆能源利用技术的推广，我国许多地区已经建立收储点，形成了以秸秆经纪人和专业收储运公司为依托的收储运模式[3]。下面就我国农作物秸秆收储运模式的各个环节进行介绍。

2.2.1　秸秆收集

秸秆的收获具有季节性，收获时间短而且集中，而秸秆的数量大并且分散。秸秆发电、秸秆成型燃料加工等规模化生产都需要常年消耗秸秆原料，如果不能在秸秆收获季节快速收获秸秆，就不能满足秸秆规模化利用和连续化生产的要求，秸秆利用企业就无法保证正常运营。因此，秸秆的收集是秸秆综合利用的重要环节之一[4]。在秸秆收集的过程中，要充分考虑以下问题。

1）燃料的收集半径。要根据生物质发电厂的规模和需求，合理确定生物质燃料的收集半径，过大或过小的燃料收集半径都不能有效地保证发电厂的经济性和稳定性。

2）燃料的供给方式。充分考虑燃料需要的运输距离、储存场地面积等因素，正确选择燃料的打包形式，如散料打包、初加工打包等。

3）燃料的枯萎度。必须考虑燃料收集后应用的技术要求，对燃料在自然状态下的脱水程度进行控制。还要特别注意的是，在燃料收集的过程中，应该尽量避免夹带泥土等异物，防止燃料在燃烧时产生结渣现象[5]。

我国农村实行家庭联产承包责任制，农作物秸秆的收集收获方式还是以人力收集为主、以机械收集为辅（图 2-3），与国外的大规模机械化集中运作相比，在效率上存在着较大的差距。我国在人工收获水稻、小麦秸秆时，先将农作物籽粒和秸秆一起运回打晒场地，经过人力或机械对农作物脱粒后，再将秸秆码垛堆放。而收获玉米秸秆时，则是在田间将玉米收获后，再将玉米秸秆统一收割运回，并且进行适当处理。

图 2-3　农作物秸秆人工收集

2.2.2　秸秆预处理

一般情况下，农作物秸秆不会从田间直接运往生物质发电厂，大部分农作物秸秆在收购站进行必要的预处理。这样不仅可以降低燃料后续的运输成本，还可以改善燃料密度、硬度、颗粒度等品质。预处理方式主要有压缩和干燥：压缩是一种改变秸秆密度的方式，可以提高农作物秸秆运输的效率和燃烧的热值；干燥则通过合理控制农作物秸秆的含水率，提高农作物秸秆的储存和燃烧性能[6]。

1. 压缩

秸秆压缩有多种形式，其中打包是常见的一种压缩方式。在一些发达国家，当农作物收获时就可以通过打包机将剩余秸秆等生物质资源直接进行打包处理（图 2-4）。在我国则要将生物质燃料运输到收购站，在收购站对其进行集中打包处理（图 2-5）。经过打包处理后的生物质燃料的密度会得到提高，由原来的 0.16t/m^3 提高到 0.29t/m^3。

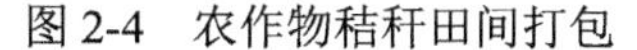
图 2-4　农作物秸秆田间打包

图 2-5　农作物秸秆收购站打包

根据形状和尺寸等要求，生物质燃料包的形状基本可分为圆捆、方捆和密实型捆。圆捆虽然打捆技术简单，但是其密度低、运输和存储不方便；方捆的密度相对较高，运输和存储更为方便，可以充分利用运输货车的装载空间，因此实际运行中普遍使用的打包方式是打方捆。而密实型捆的应用技术目前还处于研究阶段，尚未投入使用。

2. 干燥

秸秆燃料的干燥方式分为自然干燥和人工干燥。自然干燥即将农作物秸秆尽量放在阴凉、通风处，通过自然风、太阳光的照射等方式去除其中水分，防止其缓慢干燥，使酶活动加剧，降低秸秆的燃料热值，有效保证秸秆的含水量在10%～15%。自然干燥的优点是不需要任何特殊的机器设备，并且处理成本较低；缺点是易受到自然气候条件的影响，人工劳动强度大、效率低，且难以控制秸秆干燥后的含水率。人工干燥则是利用强制的外界热源给秸秆进行加热，将秸秆中的水分汽化，进而使秸秆与其中水分分离，但是这种方法的成本相对较高。

2.2.3 秸秆运输

从田间收集的农作物秸秆，经过初步预处理后，被打包成捆。发电厂或者大型生物质利用企业就可以利用大型车辆（图2-6）将其进行长途运输，农户也可以利用农用运输车（图2-7）进行短距离的运输。秸秆发电厂在运输秸秆时，不能只考虑运输车辆的类型，还要全面考虑秸秆的输送距离、投资费用、车辆运行及维护费用等多方面的因素。如果运输成本过高，那么必然导致发电厂的燃料成本的增加。

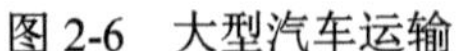

图2-6　大型汽车运输

图2-7　农用运输车运输

2.2.4 秸秆储存

秸秆的收集特点是时间短、量大、分散、含水量高。这些特点导致生产与燃料供应之间存在时间间隔，如何长期有效地储藏生物质燃料显得尤为重要。

大多数学者建议采用的生物质燃料储存方式是，将燃料收集后直接堆垛在田间地头，并在上面用油布覆盖以防被雨水淋湿。但是，在我国的生物质发电厂运营过程中，受发电厂需求、场地规模等多种因素的限制，最为普遍的农作物秸秆储存方式就是露天储存[7]。虽然露天储存的成本较低，但不经过任何处理的生物质燃料不仅容易腐烂变质，还会使燃料的质量大打折扣。在生物质能源收购站内，秸秆燃料的储存方式是以打包储存形式为主（图 2-8），这样的储存方式不仅能节省储存空间，还便于运输和存取（图 2-9）。

图 2-8　农作物秸秆打包储存

图 2-9　农作物秸秆搬运

2.2.5　秸秆收储运模式

秸秆收储运模式主要分为两大类，即分散型收储运模式和集中型收储运模式[8]。

1. 分散型收储运模式

分散型收储运模式主要以农户、专业户或秸秆经纪人等为主体，把分散的秸秆收集起来后直接提供给企业，可以分为“公司+散户”收储运模式和“公司+经纪人”收储运模式。

农作物晾晒、存储需要占用大量空间，而采用分散型收储运模式，可以将收储运问题转移给农户，化整为零地解决。秸秆发电厂不需要投资建设庞大的收储运系统，可以大大降低企业投资、管理和维护的成本[6]。但是，这种模式使秸秆发电厂受制于秸秆经纪人。随着秸秆需求量的增加，企业之间存在秸秆原料竞争，秸秆经纪人为追求利润最大化，会趁机抬高秸秆销售价，或将秸秆卖给竞争企业。秸秆发电厂为了确保秸秆供应，就不得不提高收购价，导致秸秆到厂成本大幅度增加，给发电厂经营带来不利影响。

2. 集中型收储运模式

集中型收储运模式以专业秸秆收储运公司或农场为主体，负责原料的收集、晾晒、储存、保管、运输等任务，并按照能源化企业的要求，对农户或秸秆经纪人交售秸秆的质量把关，然后统一打捆、堆垛、存储，可以分为“公司+基地”集中型模式和“公司+收储运公司”集中型模式。

采用集中型收储运模式，秸秆收储运公司需要建设大型秸秆收储站，占用的土地多，还要设置防雨、防潮、防火和防雷等设施，需要投入大量的人力、物力进行日常维护与管理。这种模式的优点是秸秆发电厂通过与收储运公司签订秸秆供应合同，可以从根本上保证秸秆供应的长期稳定性。另外，秸秆收储运公司可以采用先进的设备和技术对秸秆进行质检、粉碎、打捆等，确保了秸秆的质量。

随着秸秆的规模化利用和市场需求的增加，集中型收储运模式将成为主要发展方向。

2.3 黑龙江省秸秆收储运现状及存在的问题

2.3.1 秸秆收储运现状

黑龙江省作为我国的农业大省，拥有辽阔的耕种土地，农作物秸秆资源极其丰富。但是，我国农业以家庭为单位分散经营的基本国情，导致秸秆资源在收集利用上受多方面的限制。2016 年，黑龙江省秸秆综合利用率仅为 60.41%。长期以来，农作物秸秆一直都是黑龙江省农村地区居民炊事和采暖的主要燃料，农村居民 60%的炊事用能来源于秸秆、薪柴等生物质能。这种直接燃烧的方式是原始且落后的能源利用方式，能源的利用率不足 10%，在经济效益、社会效益和生态效益等方面贡献也都达不到预期水平[9]。农民对秸秆资源的利用认识也不够充分，有相当一部分人错误地认为把农作物秸秆在田间地头直接焚烧就等于给田地施肥。这种做法不仅使原本储存在秸秆中的有机物随着秸秆的焚烧一起消失，还造成了严重的环境污染。长期地焚烧秸秆会改变地表土壤的结构，造成地表的水分大量蒸发，破坏土壤自身的抗旱保湿的能力。

农作物秸秆资源自身具有热值低、体积大、松散等特点，使秸秆的收集难以形成规模。与国外的先进机械设备、成熟技术相比，在秸秆资源的收集、预处理、运输、储存等过程中，黑龙江省现阶段使用的机械设备和技术还比较落后，处于探索阶段。多数的调查报告和参考资料也只是研究了秸秆资源利用的前景等相关方面的政策，对于秸秆资源在实际应用中可能出现的问题及解决办法等很少进行具体的研究。

随着生物质秸秆电厂、成型燃料厂等秸秆资源利用企业的迅速发展，单纯依靠传统收集的技术方法，很难实现秸秆资源的快速收集，更难以满足秸秆资源规模化、标准化、持续性利用的要求[10]。为了更好地解决这些问题，黑龙江省在《黑龙江省国民经济和社会发展第十一个五年规划》《黑龙江省循环经济发展规划纲要》中都提到要大力加强农作物秸秆资源的利用，使秸秆变废为宝，给农民带来实实在在的收益。2017 年，为高效推进全省农作物秸秆综合利用整县推进试点工作，黑龙江省农业委员会和省财政厅印发了《黑龙江省开展农作物秸秆综合利用整县推进试点工作实施方案》，其目的是充分发挥财政资金的激励引导作用，探索建立长效机制，引导更多的社会资本投入秸秆综合利用，鼓励秸秆利用企业产业化发展，提升秸秆综合利用水平。2018 年，为促进哈尔滨市及周边地区秸秆加快转化利用，进一步提高秸秆资源利用水平，促进黑土耕地保护和质量提升，推进乡村振兴战略，黑龙江省人民政府办公厅印发了《哈尔滨市、绥化市和肇州县、肇源县秸秆综合利用三年行动计划》，即在 2018～2020 年黑龙江全省开展以哈尔滨市、绥化市、肇州县、肇源县（统称两市两县）为重点的秸秆综合利用三年行动，目标是到 2020 年两市两县秸秆综合利用率达到 95%以上，基本实现全部转化利用。其中，在秸秆能源化利用方面，到 2020 年，两市两县计划新建 32 个农林生物质热电联产项目，可新增农林生物质处理能力 800 万 t，占秸秆可收集量的 20%。两市两县计划新建秸秆固化成型燃料站 1 282 个，其中：0.25 万 t 小型站 876 个，1 万 t 中型站 232 个，2 万 t 大型站 174 个，可新增秸秆处理能力 986 万 t（其中绥化市 360 万 t 固化压块能力用于热电联产），能源化利用（不含农户直燃）的秸秆占秸秆可收集量的 24.6%。

2.3.2　存在的问题及发展对策

近年来，在国家各项政策的引导和支持下，黑龙江省凭借自身的资源优势，开始合理规划和大力发展秸秆能源化利用产业，在生物质能发电、生物质固体燃料、生物质供气、生物质液体等领域都取得了一定的成绩[11]。但是，黑龙江省在农作物秸秆收储运方面仍然存在一定的问题，具体表现为以下几点。

1. 群众认识还有待提高

秸秆综合利用的推广工作仍存在很多困难，一些群众在观念上对焚烧秸秆造成的土壤板结、破坏土壤有机质的认识不够，对秸秆综合利用的长远利益、社会效益及利用新途径等方面的认识也不到位。群众是秸秆的生产者、支配者和受益者[12]。推进秸秆综合利用，提高群众认识是前提，拓宽利用渠道是关键，强化政策扶持是纽带，保证群众利益是核心。因此，必须要提高群众的思想认识，宣传好、引导好群众，充分发挥群众的自觉性，为秸秆综合利用工作的顺利开展奠定坚实的群众基础。

2. 资金投入不足

尽管近几年国家推进秸秆机械化还田及综合利用的投入在逐年增加，但尚未形成稳定有效的投入机制。政府部门应把秸秆资源化综合利用的投资列入当年财政预算，提高收储利用补助资金，降低补助门槛，还应通过贴息补助、小额贷款、提供保险服务等形式，鼓励企业（或农户）从事秸秆资源化综合利用。近年来，黑龙江省政府对秸秆利用的扶持力度已在原有基础上大幅提高。2017 年，《黑龙江省开展农作物秸秆综合利用整县推进试点工作实施方案》对秸秆收储方面的资金扶持主要体现在两个方面：一是对秸秆收储运专业化装备予以补贴，重点对经营主体购买搂草机、打包机和储运机具等进行补贴，单机（具）补助额度最高不超过所购机（具）总额的 60%；二是对规范化存储场地建设进行补贴，对新建有地秤、看护房、围栏、消防设施的存储场地，通过机械打包、秸秆散装拉运等手段，将秸秆从田间地头收集到固定堆放场地，收储秸秆 2 000t 以上的，按照有关销售合同、销售票据、建成投产并验收合格的，每处秸秆收储点根据收储量给予不超过 20 万元的补助。这项政策对于提高农作物秸秆收储运的经济性具有重要的意义。

3. 农民的组织化程度低，农企之间利益机制不完善

随着社会环境的变化，缺乏组织化管理的分散经营的小规模农户，已经越来越不适应复杂多变的市场环境。在秸秆产业化进程中，市场行情低迷、秸秆资源供过于求时，企业压级压价甚至拒收；一旦行情看涨、秸秆资源供不应求，农民又不遵守已签协议，谁出价高就卖给谁。这种农户与企业之间的利益纠纷，既损害了农户的利益，也影响了企业的利益，制约了秸秆产业化的健康发展。农民合作组织不仅可以提高秸秆产业化利用效率，而且有利于新技术、新产品在农民中的推广与示范。农民合作组织所具有的规模效应可以使交易成本降低，从而提高农民收入，改善其生活。

4. 秸秆利用企业发展中面临诸多困难

秸秆产业化的发展离不开企业强有力的带动作用，但秸秆利用企业还很少有形成产业规模的。在产品开发上，大部分企业存在明显的秸秆资源初级加工的特点，高附加值的秸秆加工产品很少，精深加工发展严重不足，产业链偏短，产品市场认可度低，其带动秸秆产业化发展的能力不强。同时，企业自身发展还面临资金、市场信息等诸多困难。秸秆利用企业的规模一般很小，产品以初加工为主，附加值较低，抗风险能力差。对于这些企业，政府应从政策引导、技术支持、财

政补助等方面入手，让它们快速获取行业动态，提高机械化程度，降低秸秆收储运成本，实现秸秆加工产业化、规模化，促进中小企业快速成长。

5. 秸秆收储、运输体系匮乏

秸秆收储利用存在效率低下、运输体系不够健全等问题。现阶段，秸秆收储、运输的机械化、自动化作业水平不高，特别是高效实用的秸秆粉碎、打捆等一体化完成装备不足，严重制约了秸秆的产业化发展。秸秆资源还没有形成稳定的价格体系，不确定因素也较多，市场供应很难保障，秸秆资源的收购大多处于无序竞争状态。发展建议是建立以龙头企业为主，农户参与，各级人民政府监管，市场化推进的先进、经济、符合当地情况的秸秆资源收集储运供应体系，制订切实可行的资源供应保障方案，确保秸秆的持续、稳定供应，保障农民利益。鼓励有条件的地方和加工企业建设必要的秸秆储存基地。鼓励发展农作物秸秆收集、加工、运输机械装备的研制与应用。积极培育秸秆经纪人，并鼓励企业与秸秆经纪人或农作物种植大户签订长期的收购协议，尽可能地降低收集成本和原料供应风险。

参 考 文 献

[1] 徐亚云，侯书林，赵立欣，等．国内外秸秆收储运现状分析[J]．农机化研究，2014（9）：60-64.

[2] 田宜水，孟海波，孙丽英，等．秸秆能源化技术与工程[M]．北京：人民邮电出版社，2010.

[3] 朱新华，杨中平．陕西省秸秆资源收储体系研究[J]. 农机化研究，2011，33（7）：69-72.

[4] 李树君，杨炳南，王俊友，等．主要农作物秸秆收集技术发展[J]．农业机械，2008（16）：23-26.

[5] HEINIMÖ J, JUNGINGER M. Production and trading of biomass for energy:an overview of the global status[J]. Biomass and bioenergy, 2009, 33(9):1310-1320.

[6] 张艳丽，王飞，赵立欣，等．我国秸秆收储运系统的运营模式、存在问题及发展对策[J]．可再生能源，2009，27（1）：1-5.

[7] 李京京，任东明，庄幸．可再生能源资源的系统评价方法及实例[J]．自然资源学报，2001，16（4）：373-380.

[8] 于晓东，樊峰鸣．秸秆发电燃料收加储运过程模拟分析[J]．农业工程学报，2009，25（10）：215-219.

[9] 蒋少锋．黑龙江省生物质能发展现状及存在的问题分析[J]．东北农业大学学报，2010（6）：31-33.

[10] 徐长勇，尚杰．黑龙江省农村能源利用及生物质能发展实证研究[J]．林业经济，2009（5）：58-60.

[11] 孙爱兵．黑龙江省生物质能开发利用现状分析与对策研究[J]．科技咨询导报，2007（24）：245-247.

[12] 于小川．关于发挥好群众在秸秆综合利用中主体作用的思考[J]．农业科技与信息，2013（14）：56-57.

第 3 章　秸秆资源量评估方法

充足的秸秆资源量是秸秆能源化大规模利用的基础。所以，正确认识和合理掌握这些资源的评价和计算方法，无论是对确定秸秆发电厂的生产规模，还是对秸秆能源产业规划布局都具有重要意义。在评价各种农作物秸秆资源时，通常需要用到理论资源量、可收集资源量、可利用资源量及可利用资源量折合标准煤量等指标[1]。本章在现有估算生物质能方法的基础上，结合已有的相关统计资料和数据，估算出黑龙江省各地区 2016 年农作物秸秆资源的数量，并对其进行评价，为后续的秸秆到厂成本核算及秸秆发电厂经济可行性评价提供数据支撑。

3.1　理论资源量

理论资源量是指某类秸秆资源通过理论计算或分析所能得到的最大资源量，它是进行资源评价的基础。因为不同的秸秆资源具有不同的特性，所以理论资源量的计算方法也各不相同。

秸秆理论资源量的计算方法主要有经济系数法和草谷比法[2]。经济系数法又称为收获系数法，是指经济产量与生物产量之比，其中经济产量是指具有经济价值的主产品产量，如小麦、玉米、水稻等；生物产量是指地上部分的总质量，如包括小麦、水稻、玉米籽实及其秸秆的总质量[3]。草谷比法是指作物的秸秆产量与经济产量的比值的方法。由于草谷比法比较直观、明确，大多数学者使用草谷比法来计算秸秆的理论资源量。

在本章中，秸秆理论资源量根据农作物产量、各种农作物的草谷比系数，按照式（3-1）进行估算。

$$P=\sum_{i=1}^{n}\lambda_i\cdot G_i \tag{3-1}$$

式中，P 为被分析地区农作物秸秆的理论资源量（t/a）；G_i 为被分析地区第 i 种农作物产量（t/a）；λ_i 为被分析地区第 i 种农作物秸秆的草谷比系数；i 为不同种类农作物秸秆的编号。

草谷比系数 λ_i 按照式（3-2）进行计算。

$$\lambda_i=\frac{m_{i,\mathrm{s}}(1-A_{i,\mathrm{S}})/(1-15\%)}{m_{i,\mathrm{G}}(1-A_{i,\mathrm{G}})/(1-12.5\%)} \tag{3-2}$$

式中，$m_{i,\mathrm{s}}$ 为第 i 种农作物秸秆的质量（kg）；$m_{i,\mathrm{G}}$ 为第 i 种农作物籽粒的质量（kg）；

$A_{i,S}$ 为第 i 种农作物秸秆的含水量（%）；$A_{i,G}$ 为第 i 种农作物籽粒的含水量（%）；秸秆风干后的含水量按照 15%计算，国家标准水杂质率为 12.5%。

草谷比系数，亦可称为产量系数或者经济系数。草谷比系数是农作物经济产量推算秸秆理论资源量的重要依据，但是要确定能被大家广泛认可的每一种农作物草谷比系数是一件十分困难的事情。农作物草谷比系数的不同导致了许多文献对农作物秸秆理论资源量的评估结果存在很大的差异。2009 年农业部[4]发行的《农作物秸秆资源调查与评价技术规范》中，将农作物单位面积的秸秆产量与籽粒产量的比值定义为该种类农作物的草谷比系数。但是，这个概念并不适用于非禾谷类作物，有一定的局限性。此后，谢光辉等[5]结合国外残渣系数概念，提出了可适用于所有农作物秸秆的草谷比系数的概念。

草谷比系数是农作物秸秆理论资源量的重要评价指标，如何才能正确地理解、使用该指标，成为准确估算生物质秸秆理论资源量的关键。首先，草谷比系数受水分的影响很大，所以在选择某种农作物的草谷比系数时，一定要标明水分。目前多数文献给出的草谷比系数以晾晒风干后秸秆的含水率为基准，经过晾晒风干的秸秆含水率一般为 10%～15%。其次，要准确理解不同种类的农作物草谷比系数的含义。例如，水稻的草谷比是指稻草和稻谷产量的比，定义中的稻草并不包含稻壳；而棉花的草谷比系数则是指棉秸和籽棉的比。因此，谢光辉等[6,7]在确定不同种类农作物草谷比系数时，指出要注意区分该种类农作物的秸秆部分和籽粒部分。另外，影响草谷比系数的还有农作物的品种、收获方式、栽培环境、种植区域等因素。例如，在《农村能源调查大纲》中，提出玉米的草谷比系数为 2；中国农业部和美国能源部联合编写的《中国生物质资源可获得性评价》中也将玉米草谷比系数定为 2；崔明等[8]通过研究得出的玉米草谷比系数为 1.25。这些研究表明不同学者在确定草谷比系数时，所侧重的影响因素不同。因此，本章归纳总结了一些重要文献给出的农作物草谷比系数情况，如表 3-1 所示。

表 3-1　不同文献给出的农作物草谷比系数

文献	草谷比系数										
	水稻	小麦	玉米	豆类	薯类	棉花	花生	油菜籽	芝麻	麻类	甘蔗
文献[4]	0.623	1.336	2	1.5	0.5	3	—	2	—	2.5	0.1
文献[6,7]	1.0	1.17	0.4	1.5	0.58	2.91	1.14	2.87	2.01	1.22/2.23	0.06
文献[8]	0.68	0.73	1.25	—	—	5.51	—	1.01	—	—	—
文献[9]	0.9	1.1	1.2	1.6	0.5	3.4	0.8	1.5	2.2	—	0.06
文献[10]	1.323	1.718	1.269	1.295		1.613	1.348	2.985	5.882	1.808	—
文献[11]	0.97	1.03	1.37	1.71	0.61	3.0	1.52	3.0	0.64	1.7	0.25

3.2　可收集资源量

可收集资源量是指某一地区通过现有收集方式实际收集到的秸秆资源数量，通常要小于理论资源量。农业生物质秸秆的可收集资源量受多方面因素的影响，如作物收获方式、收获时间、气候因素、收集技术与收集半径等，可按照式（3-3）进行计算。

$$P_{\mathrm{c}}=\sum_{i}^{n}\eta_{i,1}\cdot(\lambda_i\cdot G_i) \tag{3-3}$$

式中，P_{c}为被分析地区农作物秸秆可收集资源量（t）；$\eta_{i,1}$为被分析地区第i种农作物秸秆的可收集系数。

可收集系数可以通过主要农作物留茬高度、叶部生物量比重及收集运输时的损失率进行估算。但是，3种主要农作物秸秆（水稻、小麦、玉米）的可收集系数，则要区分机械收获和人工收获。机械条件下，水稻、小麦和玉米的留茬高度分别为16cm、25cm和15cm，人工收割条件下，水稻、小麦和玉米的留茬高度分别为7cm、6cm和6cm。可收集系数是根据这3种农作物机械收割和人工收割的收获比重加权计算的，进而得到3种农作物的平均可收集系数分别为0.80、0.65和0.90[12,13]。

3.3　可利用资源量

秸秆资源有多种利用途径和多种处理方式，这就决定了可收集到的秸秆资源量不可能完全被当作能源来利用；另外，秸秆资源的分散性导致资源的收集成本会超过一个定值，这样即使收集到了资源，资源也会失去一定的经济性。因此，可利用资源量的评价和计算与其他资源量的计算相比，其影响因素更多，计算和评价更为困难。但是，对可利用资源量的准确评价，对秸秆能源发电厂或产业的规划具有更大、更直接的实际意义。需要注意的是，并非运输半径范围内的秸秆资源总量都是可被发电厂应用的，还涉及实际可利用量，即要考虑可利用系数问题，如青储饲料消耗、造纸厂和建材企业的工业消耗等。实际可利用资源量也是低于可收集资源量的，可按照式（3-4）进行估算。

$$P_e=\sum_{i}^{n}\eta_{i,2}\cdot\eta_{i,1}\cdot\left(\lambda_i\cdot G_i\right) \tag{3-4}$$

式中，P_e为被分析地区农作物秸秆可利用资源量（t）；$\eta_{i,2}$为第i种农作物秸秆的可利用系数。

可利用系数 $\eta_{i,2}$ 按照式（3-5）进行计算。

$$\eta_{i,2} = 1 - \sum_{j}^{m} \mu_{i,j} \tag{3-5}$$

式中，j 为秸秆的利用方式，主要是指能源用途之外的利用方式，$j = 1, 2, \cdots, m$；$\mu_{i,j}$ 为第 i 种农作物秸秆第 j 种用途使用量占可收集资源量的比例。

3.4　可利用资源量折合标准煤量

根据计算得出各种类秸秆的可利用资源量，再乘以对应各种类资源的折标准煤系数，进而就得到了不同种类的秸秆能源折合标准煤的数量，可按照式（3-6）计算[14]。

$$P_m = \sum_{i}^{n} \eta_{i,3} \cdot \eta_{i,2} \cdot \eta_{i,1} \cdot \left(\lambda_i \cdot G_i\right) \tag{3-6}$$

式中，P_m 为被分析地农作物秸秆可利用资源量折合标准煤量（t）；$\eta_{i,3}$ 为第 i 种农作物秸秆的折标煤系数。

3.5　实 例 分 析

本节在现有估算秸秆能源方法的基础上，结合已有的相关统计资料和数据，估算黑龙江省各地区 2016 年农作物秸秆资源的数量，并对其进行评价。

黑龙江省统计地区包括哈尔滨市、齐齐哈尔市、鸡西市、鹤岗市、双鸭山市、大庆市、伊春市、佳木斯市、七台河市、牡丹江市、黑河市、绥化市、大兴安岭地区、农垦总局、绥芬河市和抚远市[15]。2016 年黑龙江省各地区的主要农产品产量情况如表 3-2 所示。

表 3-2　2016 年黑龙江省各地区的主要农产品产量情况　　单位：t

地区＼主要农产品	水稻	小麦	玉米	谷子	高粱
哈尔滨市	3 950 213	—	8 871 394	22 320	52 100
齐齐哈尔市	2 033 683	4 158	6 998 824	54 488	45 450
鸡西市	1 116 341	203	1 478 959	6	3 420
鹤岗市	541 196	—	440 447	—	297
双鸭山市	583 137	528	1 851 925	—	1 270
大庆市	807 660	8 617	3 197 498	26 508	219 873
伊春市	275 074	34	241 275	—	—
佳木斯市	2 795 334	1 272	3 567 647	4	34 705
七台河市	119 542	—	773 540	45	4

续表

地区＼主要农产品	水稻	小麦	玉米	谷子	高粱
牡丹江市	275 278	1 341	1 951 117	415	—
黑河市	85 769	211 161	1 057 989	464	38 189
绥化市	2 551 406	4 431	8 969 020	19 294	29 542
大兴安岭地区	23	36 828	38 808	—	319
农垦总局	13 368 146	20 871	5 575 989	970	39 242
绥芬河市	—	—	1 103	9	—
抚远市	745 729	—	60 903	—	—

地区＼主要农产品	豆类	薯类	油料	麻类
哈尔滨市	249 899	146 327	20 155	97
齐齐哈尔市	979 520	689 431	7 109	2 908
鸡西市	132 222	4 281	4 246	—
鹤岗市	44 004	1 781	975	—
双鸭山市	117 695	7 645	9 654	64
大庆市	109 112	27 732	42 603	5 877
伊春市	219 913	3 133	1 832	4
佳木斯市	279 639	55 885	26 242	221
七台河市	27 519	3 320	845	—
牡丹江市	276 212	65 141	87 231	803
黑河市	1 530 057	30 579	4 804	40 330
绥化市	537 836	150 060	7 788	1 930
大兴安岭地区	157 128	7 826	231	3 948
农垦总局	1 498 114	90 624	18 593	14 367
绥芬河市	1 109	8 610	157	—
抚远市	55 910	—	—	—

资料来源：黑龙江省统计局，国家统计局黑龙江调查总队．2017 黑龙江统计年鉴[M]．北京：中国统计出版社，2018.

1．秸秆理论资源量

依据已有的草谷比系数选择方法和黑龙江省内不同种类农作物的地理分布情况，选定使用的草谷比系数[16,17]，如表 3-3 所示。

表 3-3　黑龙江省不同农作物草谷比系数

农作物	水稻	小麦	玉米	谷子	高粱	豆类	薯类	油料	麻类
草谷比系数	0.9	1.1	1.25	1.5	3	1.6	1	3	1.7

结合黑龙江省农作物的产量和相应的草谷比系数，按照式（3-1）进行计算得

出 2016 年黑龙江省秸秆理论资源量，如表 3-4 所示。

表 3-4　2016 年黑龙江省秸秆理论资源量　单位：万 t

项目	哈尔滨市	齐齐哈尔市	鸡西市	鹤岗市	双鸭山市	大庆市	伊春市	佳木斯市
秸秆理论资源量	1 544	1 308	309	111	307	577	91	766
项目	七台河市	牡丹江市	黑河市	绥化市	大兴安岭地区	农垦总局	绥芬河市	抚远市
秸秆理论资源量	112	346	431	1 467	36	2 171	1	84

黑龙江省农作物秸秆理论资源量为 9 661 万 t。秸秆资源的分布与农作物的产量分布基本上是一致的。从农作物秸秆类型上看，黑龙江省秸秆资源的两大主要类型是粮食作物秸秆（玉米秸秆、稻谷秸秆和豆类秸秆）和薯类作物秸秆，其中粮食作物秸秆占黑龙江省秸秆资源总量的 95%以上。各个地区具有独特的地域性，因此农作物种植的品种和类型也各不相同。哈尔滨市、佳木斯市、绥化市和农垦总局稻谷秸秆资源丰富；哈尔滨市、绥化市、齐齐哈尔市玉米秸秆资源丰富；黑河市、农垦总局、齐齐哈尔市豆类秸秆资源丰富。

从农作物秸秆总量分布上看，农作物秸秆资源主要集中分布在农垦总局、哈尔滨市、绥化市、齐齐哈尔市，这四个地区秸秆理论资源量最多，占全省总量的 67.17%，分别占总量的 22.47%和 15.98%、15.18%、13.54%；其次是佳木斯市、大庆市和黑河市，占全省总量的 18.36%；牡丹江市、鸡西市、双鸭山市占全省总量的 9.96%；绥芬河市最低，仅占全省总量的 0.01%。2016 年黑龙江省秸秆理论资源量分布如图 3-1 所示。

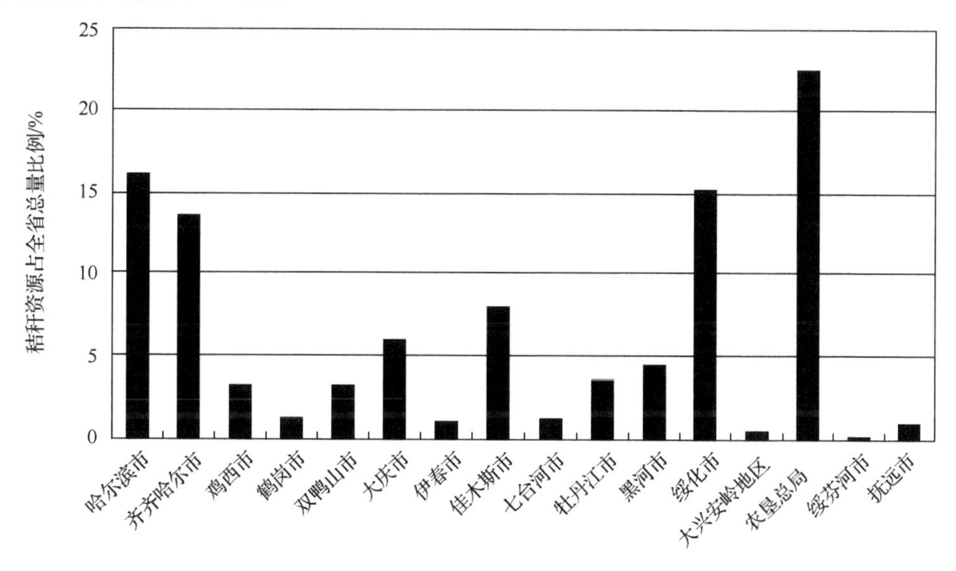

图 3-1　2016 年黑龙江省秸秆理论资源量分布图

2. 秸秆可收集资源量

根据式（3-3）对 2016 年黑龙江省农作物秸秆产量和可收集资源量进行了估算，如表 3-5 所示。

表 3-5　2016 年黑龙江省农作物秸秆产量和可收集资源量估算

项目	水稻	小麦	玉米	谷子	高粱	豆类	薯类	油料	麻类
农产品产量/万 t	2 925	29	4 508	12	46	622	129	23	7
秸秆产量/万 t	2 632	32	5 635	19	139	995	129	70	12
可收集系数	0.8	0.65	0.9	0.8	0.8	0.88	0.8	0.88	0.87
可收集资源量/万 t	2 105.89	20.70	5 071.10	14.94	111.46	875.20	103.39	61.37	10.43

3. 秸秆可利用资源量

根据式（3-4）及可利用系数（40%）对黑龙江省农作物秸秆可利用资源量进行估算，得出了 2016 年黑龙江省农作物秸秆可利用资源量，结果如表 3-6 所示。

表 3-6　2016 年黑龙江省农作物秸秆可利用资源量　　单位：万 t

项目	水稻	小麦	玉米	谷子	高粱	豆类	薯类	油料	麻类
可收集资源量	2 105.89	20.70	5 071.10	14.94	111.46	875.20	103.39	61.37	10.43
可利用资源量	842.36	8.28	2 028.44	5.98	44.58	350.08	41.36	24.55	4.17

4. 秸秆可利用资源量折合标准煤量

根据农作物秸秆可利用资源量和各种类农作物秸秆折合标准煤系数，结合式（3-6），可计算得出 2016 年黑龙江省各种类农作物秸秆可利用资源折合标准煤量，结果如表 3-7 所示。

表 3-7　2016 年黑龙江省各种类农作物秸秆可利用资源量折合标准煤量

项目	水稻	小麦	玉米	谷子	高粱	豆类	薯类	油料	麻类
可利用量/万 t	842.36	8.28	2 028.44	5.98	44.58	350.08	41.36	24.55	4.17
折合标准煤系数	0.429	0.5	0.529	0.486	0.486	0.543	0.486	0.529	0.543
折合标准煤量/万 t	361.37	4.14	1 073.04	2.90	21.67	190.09	20.10	12.99	2.27

经过以上估算可知，2016 年黑龙江省农作物秸秆理论资源量约为 9 661 万 t，秸秆可收集资源量约为 8 374 万 t，秸秆可利用资源量约为 3 350 万 t，可折合标准煤数量约 1 689 万 t。可见，黑龙江省农作物秸秆资源能源化利用有着十分广阔的前景。

经过调查研究，燃煤是造成黑龙江省大气污染的重要因素，黑龙江省环保厅监测显示，黑龙江省 PM2.5 中燃煤污染占比为 25%～41%，哈尔滨市为 36%左右。由于优质燃煤供应不足、技改投入资金量大等，黑龙江省一些发电厂使用了大量的低质煤，由此产生较大量的污染物。黑龙江省使用的褐煤主要来自内蒙古自治区东部，年使用量近 3 000 万 t，主要用于大型燃煤发电厂，约占黑龙江年使用燃煤总量的 40%。褐煤的大量使用主要有 5 个方面的问题：①褐煤发热量较低，大量燃烧会使污染物排放总量大幅增加；②黑龙江省原有发电厂锅炉多以烟煤锅炉为主，不经改造掺烧褐煤后会“水土不服”；③褐煤污染物排放量相对较高；④褐煤在煤厂储存过程中也产生更多的扬尘，增加污染物的无组织排放量；⑤由于褐煤含水量较大，在运输过程中运送同等质量的褐煤成本比烟煤大。因此，黑龙江省秸秆资源的能源化利用势必对于缓解传统优质能源的紧迫局面、降低能源利用的负面环境影响起到积极的作用。

参考文献

[1] LI J, ZHUANG X, DELAQUIL P, et al. Biomass energy in China and its potential[J]. Energy for sustainable development, 2001, 5(4):66-80.

[2] 毕于运．秸秆资源评价与利用研究[D]．北京：中国农业科学院，2010.

[3] 李逸辰，康文星，何介南．陕西省秸秆资源能源化潜力评价[J]．现代农业科技，2014（8）：168-170.

[4] 中华人民共和国农业部．农作物秸秆资源调查与评价技术规范：NY/T 1701—2009 [S]．北京：中国标准出版社，2009.

[5] 谢光辉，王晓玉，任兰天．中国作物秸秆资源评估研究现状[J]．生物工程学报，2010，26（7）：855-863.

[6] 谢光辉，韩东倩，王晓玉，等．中国禾谷类大田作物收获指数和秸秆系数[J]．中国农业大学学报，2011，16（1）：1-8.

[7] 谢光辉，王晓玉，韩东倩，等．中国非禾谷类大田作物收获指数和秸秆系数[J]．中国农业大学学报，2011，16（1）：9-17.

[8] 崔明，赵立欣，田宜水，等．中国主要农作物秸秆资源能源化利用分析评价[J]．农业工程学报，2008，24（12）：291-296.

[9] 《农业技术经济手册》编委会．农业技术经济手册（修订本）[M]．北京：农业出版社，1986.

[10] 张福春，朱志辉．中国作物的收获指数[J]．中国农业科学，1990，23（2）：83-87.

[11] 韩鲁佳，闫巧娟，刘向阳，等．中国农作物秸秆资源及其利用现状[J]．农业工程学报，2002，18（3）：87-91.

[12] 蒋冬梅，诸培新，李效顺．生物质秸秆资源发电的综合效益量化分析：以江苏省射阳县秸秆发电厂为例[J]．资源科学，2008，30（9）：1307-1312.

[13] 蔡亚庆，仇焕广，徐志刚．中国各区域秸秆资源可能源化利用的潜力分析[J]．自然资源学报，2011，26（10）：1637-1646.

[14] 崔胜先，谢光辉，董仁杰．灰色系统理论在黑龙江省农作物秸秆可收集量预测中的应用[J]．东北农业大学学报，2011，42（8）：123-130.

[15] 黑龙江省统计局，国家统计局黑龙江省调查总队．2017 黑龙江统计年鉴[M]．北京：中国统计出版社，2017.

[16] 潘晓华，邓强辉．作物收获指数的研究进展[J]．江西农业大学学报，2007，29（1）：1-5.

[17] 毕于运，高春雨，王亚静，等．中国秸秆资源数量估算[J]．农业工程学报，2009，25（12）：211-217.

第 4 章　基于 ArcGIS 的秸秆发电厂选址分析

秸秆发电厂在建厂时首先需要考虑的问题就是如何选择厂址。以往的厂址选址只是简单地考虑建厂地区的秸秆原材料是否充足、政府补贴是否到位等。然而，秸秆发电厂的厂址选择还受到其他多种因素的影响。不合理的厂址选择将导致秸秆发电厂原材料收集半径增大、原材料长期供应不足、发电厂运营困难等局面。

本章首先在 ArcGIS 平台下，采用线性模糊逻辑预测模型结合层次分析法确定研究区内适合建厂的土地适宜性指数，然后利用折中规划法对处在最适宜建厂区域内的备选厂址进行排序分析，最终得出比较合理的厂址选择。研究结果可以为后续的秸秆发电厂原材料供应成本分析及发电厂经济可行性评价奠定基础。

4.1　秸秆发电厂选址概述

秸秆发电厂的建设，需要同时考虑到建厂所带来的经济效益、环境效益及社会效益。一个合适的厂址，不仅可以降低发电厂的运营成本、减少温室气体排放及其他污染物的排放，还可以合理地利用当地的农业副产物，减少因使用不当而造成的资源浪费[1]。秸秆发电厂的选址不仅涉及当地经济发展、交通状况，还涉及地理地形条件、气候状况、自然环境条件、水资源等很多影响因素，所以，秸秆发电厂选址是一项十分复杂的工作。秸秆发电厂厂址的选择，应综合考虑地方政府长期的电力规划、原材料取材、交通条件、地区自然条件等因素。选择厂址时，应尽量利用荒地和劣地，减少对耕地的占用，还应注意尽量避免拆迁房屋、人口迁移[2]。发电厂选址时还应考虑到厂区用地面积，占地范围应根据建厂和施工需要进行确定。秸秆发电厂厂址的选择与当地政治、经济及技术等都相关。因此，秸秆发电厂建设选址要遵循以下原则。

1）与城市规划及工业布局相符合[3]。秸秆发电厂的建厂地区的选择，必须满足国家工业布局的总体规划要求，且秸秆发电厂厂址的选择也要符合城市总体规划布局的要求，且需符合城市的功能分区要求。秸秆发电厂和居住区应保持一定距离[4]，尽可能地利用已有公用设施，节约投资。

2）节约用地。发电厂建设要充分地利用劣地和荒地，少占或不占用农田，且考虑到工业企业的长期发展的规划需要，适当给未来发展留有一定的余地[5]。秸秆发电厂的建设一般至少应包含厂区用地、原料堆放场用地、交通运输设施用地及工人宿舍区用地等部分，发电厂在建设过程中的施工用地也需考虑。发电厂的建设用地占地总原则是在满足生产和运输的前提下，经济合理地布设厂内其他设施[6]。

3）原材料资源充足。保证秸秆发电厂的建厂周围有充足的秸秆资源，使厂址尽可能地靠近农田，以减少运距，节约运费[7]。根据国外生物质秸秆发电厂选址的实践，原材料的收集半径可以控制在 50km 范围内。考虑我国的农田分布情况，一般的发电厂会选择在 30km 半径范围内获取原材料以满足运输的经济性。

4）交通运输的通达性。秸秆发电厂所需的原材料、燃料（如天然气）及其他资源的运输都要求建厂地点具有较好的交通运输条件[6]。便利的交通条件，可以节约秸秆发电厂的运输成本，节约运输时间，提高运营效率。

5）环境保护。秸秆发电厂的建设要重点考虑周围环境的保护[8]，厂址要尽量远离居民区、公园绿地、学校等公共场所，应位于河流及风向的下游，厂址的选择要利于发电厂进行因发电产生的“三废”的综合治理，防止污染环境。

4.2　秸秆发电厂选址影响因素

对于秸秆发电厂的选址需要全方位地综合考虑各种影响因素。目前，我国秸秆发电行业正处于发展上升阶段，在发电技术方面正逐步引进国外的先进设备和技术，但是在规划管理方面还依赖于传统的发电厂的规划选址方法。一般火电厂选址的主要评价指标包括经济、社会和技术三个方面[4,5]，这些选址指标有一定的代表性，但是秸秆发电厂有其自身的影响因素，与火电厂有很大的差别，因此，应该根据自身影响因素对选址指标进行调整。

1. 与成本相关的影响因素

由于各地区的土地成本、劳动力价格和运输费率的差异，秸秆发电厂在不同地区的建设成本、运输费用和运营成本也不尽相同。例如，一个装机容量为 30MW 的生物质秸秆发电厂的总投资在 3 亿元左右，但是具体的投资成本在不同地区不同年份仍有一定差异。内蒙古杭龙生物质热电有限公司 1×30MW 生物质热电联产项目在 2017 年总投资为 2.77 亿元，而光大生物能源（如皋）有限公司安装 1 台 30MW 凝气式汽轮发电机组，采用组合工艺式烟气处理装置，在 2016 年项目总投资约为 3.2 亿元。运输成本因地区的差异主要受到当地资源量和运输费率的影响，当运距小于 50km 时，在东北地区秸秆运输费率为 30 元/t，在江苏地区运输费率为 35 元/t；当运距小于 20km 时，在湖北宜城运输费率为 65 元/t[5]。考虑到秸秆发电过程中需要很多劳动力，因此各地区劳动力价格水平对秸秆发电厂的选址也有一定影响[4]。秸秆运输以公路为主，因此，考虑到原料的获取，秸秆发电厂选址必须尽量靠近原料产区，同时选择公路网络较为完善的地区，以尽量降低总的运输成本。

2. 地理条件因素

秸秆发电厂在选址过程中对地形、地质及水文等有很高的要求。建厂时应避开海拔较高、地形不平坦、上风向及河流的上游等自然因素[3]。另外，秸秆发电厂的运营还需要使用一定量的水资源用于冷却，因此，选址还应尽量靠近河流，便于取水。

3. 技术环境因素

我国的秸秆发电产业仍处于起步阶段，占全部发电量的比例还比较小，而且运营技术大多由国外引进，各个发电厂相差不多，考虑到秸秆发电厂的主要责任在于发电而不是技术研发，因此国家对秸秆发电技术变革的支持与鼓励对于秸秆发电厂的选址影响不大[7]。

综上所述，本章在进行秸秆发电厂选址时，应该优先考虑秸秆原材料供应、交通运输（公路、铁路）、周围环境保护、地理因素（坡度、坡面、海拔）、水源、居民区等因素对秸秆发电厂选址的影响。

4.3 秸秆发电厂选址评价指标

4.3.1 评价指标的选择

在对秸秆发电项目备选区位进行综合评价时，有许多指标可供选择。评价指标的选择不仅要考虑综合性，还要考虑简单直观和可操作性等。评价指标选择过少，其评价结果的片面性越强；反之，选择的评价指标越多，存在重复评价的可能性越大，评价结果的可靠性就会越低[9]。因此，评价指标的数量要适宜。本节根据土地适宜性评估的具体关系，对现场适用性进行了评估，调整投资者的直接成本和潜在的负面环境影响。结合 4.2 节，针对秸秆发电项目区域适宜度评价的具体要求，构建秸秆发电厂选址评价指标体系，其指标如表 4-1 所示。

表 4-1　秸秆发电厂选址评价指标

因素	指标	参考范围
与成本相关的因素	距离铁路运输线	10～5 000m[10]
	距离公路主干线	10～3 200m[11]
	距离原材料产地	0～8 000m[12]
	距离建成区	800～5 000m[12]

续表

因素	指标	参考范围
与成本相关的因素	距离电网	50～5 000m[13]
	距离水源地	10～1 600m[10,11]
	距离污水处理厂	10～5 000m[14]
地理条件	坡度	坡度在 0～10%的倾斜度[15]
	土地类型	草地、灌木地、牧地[16]
	坡向	南向、东向或者西朝向[16]
	海拔	100～700m 的高度[17]
不适宜区域	野生动物栖息地	避免此区域
	公共用地	避免此区域
	洪水泛滥区	避免此区域
	湿地	避免此区域

由表 4-1 可知，根据秸秆发电厂选址原则，结合有关研究结果，对土地适用性的评估指标选取的合理范围规定如下：距离铁路运输线 10～5 000m，距离公路主干线 10～3 200m，距离秸秆原材料产地 0～8 000m，距离建成区 800～5 000m，距离电网 50～5 000m，距离水源地 10～1 600m，距离污水处理厂 10～5 000m。地理条件和环境因素均可看作约束条件。约束条件可用布尔值进行判定，布尔值（0 和 1）是根据发电厂选址的偏好或可接受范围分配给变量的，其中 1 表示合适，0 表示不合适。

4.3.2　评价指标的权重确定

评价指标权重的确定方法包括均权法、最优权法、专家打分法及层次分析法等[18]。为了使构建的指标体系能全面地覆盖影响发电厂选址的各个方面，采用层次分析法来确定各个影响指标的权重。由于各项指标对于选址的影响程度不同，决策者在进行选址时对各项因素就要有所侧重，不能将各项指标等同。权重在数学中是表示因素重要性的相对数值，在这里就代表各项因素对于选址决策的重要性[19]。应用层次分析法确定评价指标权重的具体步骤如下。

1. 建立判断矩阵

根据准则层厂址选择影响因素的相对重要性，进行两两比较[20]，通过具体数值列表，形成判断矩阵

$$\boldsymbol{A}=\left(a_{ij}\right)_{m\times m}$$

2. 确定各影响因素的归一化权重值

在这里采用“和法”确定归一化权重[20]。

首先，将矩阵 $\boldsymbol{A}$ 中的元素按列归一化处理，得矩阵：

$$\boldsymbol{Q}=\left(q_{ij}\right)_{m\times m}$$

式中，$q_{ij}=\dfrac{a_{ij}}{\sum\limits_{i=1}^{m}a_{ij}}$。

将 $\boldsymbol{Q}$ 中的元素按行相加，得到向量：

$$\boldsymbol{a}=\left(a_1,a_2,\cdots,a_m\right)^{\mathrm{T}}$$

式中，$a_i=\sum\limits_{j=1}^{m}q_{ij}$，$i=1,2,\cdots,m$。

然后，对向量 $\boldsymbol{a}$ 做归一化处理，得到权重向量：

$$\boldsymbol{W}=\left(w_1,w_2,\cdots,w_m\right)^{\mathrm{T}}$$

式中，$w_i=\dfrac{a_i}{\sum\limits_{i=1}^{m}a_i}$，$i=1,2,\cdots,m$。

最后，求出最大特征值 $\lambda_{\max}$：

$$\lambda_{\max}=\frac{1}{m}\sum_{i=1}^{m}\frac{\left(AW\right)_i}{w_i}$$

3. 一致性检验

为了保证层次单排序的可信性，需要检验判断矩阵的一致性，即引入 $\mathrm{CR}=\mathrm{CI}/\mathrm{RI}$ 来判断：当 $\mathrm{CR}=\mathrm{CI}/\mathrm{RI}<0.1$ 时，结果具有满意的一致性。其中，$\mathrm{CI}=(\lambda_{\max}-m)/(m-1)$，$m$ 为判断矩阵阶数。RI 为平均随机一致性指标，是通过多次重复进行随机判断矩阵特征值的计算后取算术平均数得到的，其取值如表 4-2 所示。

表 4-2　平均随机一致性指标取值

	m								
	1	2	3	4	5	6	7	8	9
RI	0.0	0.0	0.58	0.9	1.12	1.24	1.32	1.41	1.45

4. 层次总排序及其一致性检验

计算方案层对于总目标的组合权重，并进行组合一致性检验。通过一致性检验的组合权重即为评价指标的最终权重[20]。

由于上述影响选址位置因素的重要性程度不一样，因此，在层次结构建立之后，通过专家打分并结合实际经验获得各因素之间的重要性隶属关系。采用 Saaty 的 1～9 级标度法建立影响因素评价系统[21]，应用层次分析法构造判断矩阵。根据专家意见和文献资料分析，得到与成本相关的各决策因素的权重判断矩阵，具体如表 4-3 所示。

表 4-3　权重判断矩阵

A	距离铁路运输线	距离公路主干线	距离原材料产地	距离建成区	距离水源地	距离电网	距离污水处理厂
距离铁路运输线	1	1/3	1/5	3	1/3	1/3	3
距离公路主干线	3	1	1/3	5	3	3	5
距离原材料产地	5	3	1	5	3	3	5
距离建成区	1/3	1/5	1/5	1	1/3	1/3	1
距离水源地	3	1/3	1/3	3	1	1	3
距离电网	3	1/3	1/3	3	1	1	3
距离污水处理厂	1/3	1/5	1/5	1	1/3	1/3	1

采用“和法”计算准则层权重，并做一致性检验：由表 4-2 可知，当 m=7 时，RI=1.32。$\mathrm{CI}=(\lambda_{\max}-7)/(7-1)=0.067$，$\mathrm{CR}=\mathrm{CI}/\mathrm{RI}=0.051<0.1$，一致性检验通过。

由此，准则层权向量 $\boldsymbol{W}=(0.08,0.235,0.343,0.044,0.127,0.127,0.044)$ 就代表评估标准相对于选址目标的权重。

4.4　秸秆发电厂选址土地适宜性分析

4.4.1　线性模糊逻辑预测模型

采用线性模糊逻辑预测模型[式（4-1）]计算整个研究区域的厂址土地适宜性指数[22,23]。这样，每个评价指标的正向变化总是与土地适宜性的结果的正向变化相关联的。

$$\mathrm{SSI}=\sum(f_m w_m)\times\prod b_n \tag{4-1}$$

式中，SSI 为土地适宜性指数；b_n 为约束条件 n $(n=1,2,\cdots,8)$ 的判断因子，布尔值（0 和 1）被分配到一般的约束条件中，1 表示适宜的区域，0 表示非适宜区域；f_m 为与成本相关的影响因素 m $(m=1,2,\cdots,7)$ 的模糊值；w_m 为影响因素 m $(m=1,2,\cdots,7)$ 的权重。

在使用地图代数的 GIS 环境中运行适宜性模型后，可以推导出每个栅格的土地适宜性（范围从 0 到 1）的值。

对地理条件和不适宜区域因素下的各指标进行布尔值判断。布尔聚合的逻辑性要求所有的准则（包括影响因子和限制条件）必须进行标准化以具有相同的数值范围 0 或 1[24]。采用布尔方法，各个准则之间不能进行补偿，实质是评价对象只要满足其中一个准则就可以了，此运算得到的结果只有适宜和不适宜两种类型的值，即 0 和 1，使用该方法所得到的适宜性图像是离散的。

为了创建与评价标准的每个变量相关联的距离，首先构造基于评价指标（表 4-1）的模糊逻辑成员资格函数。利用 GIS 空间分析方法计算评价指标各空间特征之间的距离。然后，利用 ArcMap 中的“if ”场景，建立模糊隶属函数（f_m），f_m 是影响因素 m $(m=1,2,\cdots,7)$ 到秸秆发电厂的模糊距离，秸秆发电厂到铁路运输线、公路主干线、秸秆原材料产地、建成区、水源地、电网及污水处理厂的距离分别用 $d_1,d_2,d_3,d_4,d_5,d_6,d_7$ 表示。

4.4.2　土地适宜性指数计算

以长春市秸秆发电厂选址为例，计算长春市秸秆发电厂土地适宜性指数。土地适宜性的各个评估指标计算如下。

1. 与铁路运输线的模糊距离

运用式（4-2）计算秸秆发电厂厂址与铁路运输线的模糊距离，规则如下：从秸秆发电厂距离铁路运输线 10～5 000m 选址。随着距离的增加，土地适宜性指数逐渐减小；当距离>5 000m 或者距离<10m 时，土地适宜性指数为 0。运用 GIS 空间分析功能中地图代数技术运行该函数，可以计算出每一个栅格距离铁路运输线的模糊距离。根据秸秆发电厂到铁路运输线的模糊距离得到的土地适宜性分布如图 4-1 所示。

图 4-1

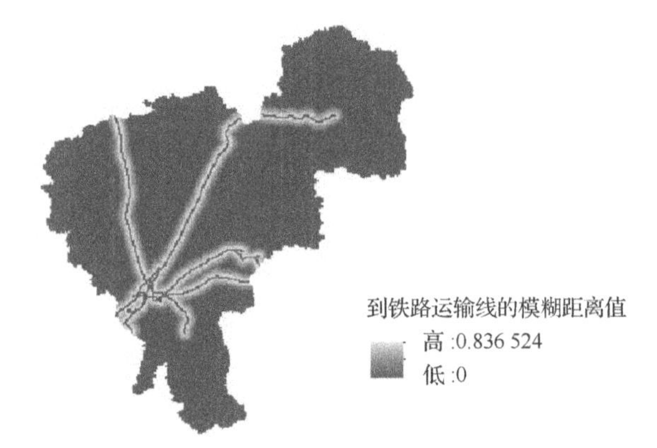

图 4-1　根据秸秆发电厂到铁路运输线的模糊距离得到的土地适宜性分布

$$f_1=\begin{cases}\dfrac{5\,000-d_1}{5\,000}, & 10\leqslant d_1\leqslant 5\,000\\ 0, & d_1<10\text{或}\ d_1>5\,000\end{cases}\tag{4-2}$$

式中，f_1 为秸秆发电厂到铁路运输线的模糊距离；d_1 为秸秆发电厂到铁路运输线的距离。

2. 与公路主干线的模糊距离

秸秆发电厂到公路主干线的模糊距离函数如式（4-3）所示。

$$f_2=\begin{cases}\dfrac{3\,200-d_2}{3\,200}, & 10\leqslant d_2\leqslant 3\,200\\ 0, & d_2<10\text{或}\ d_2>3\,200\end{cases} \tag{4-3}$$

式中，f_2 为秸秆发电厂到公路主干线的模糊距离；d_2 为秸秆发电厂到公路主干线的距离。秸秆发电厂选址距离公路主干线的最大距离为 3 200m，即秸秆发电厂要在 10～3 200m 选址才能保证公路运输的经济可行性和秸秆资源的合理运送。

根据秸秆发电厂到公路主干线的模糊距离得到的土地适宜性分布如图 4-2 所示。

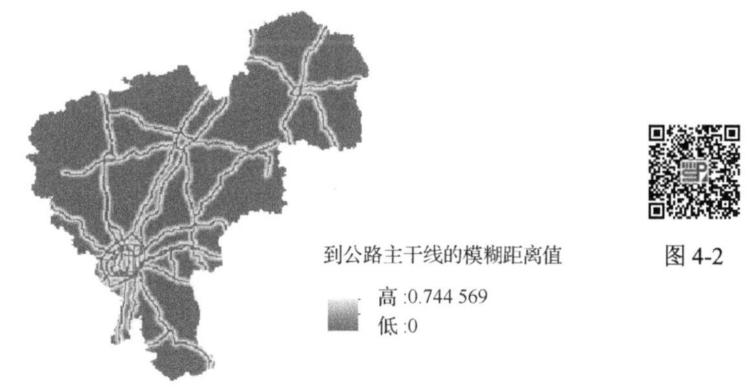

图 4-2 根据秸秆发电厂到公路主干线的模糊距离得到的土地适宜性分布

3. 与秸秆原材料产地的模糊距离

运用式（4-4）计算秸秆发电厂厂址与秸秆原材料产地的模糊距离，其中，f_3 表示秸秆发电厂到秸秆原材料产地的模糊距离，d_3 表示秸秆发电厂到秸秆原材料产地的距离。计算规则如下：距离原材料产地距离<8 000m，即从 0m 起至 8 000m 范围内获取原材料。随着距离的增加，土地适宜性指数逐渐减小；当距离原材料产地>8 000m 时，土地适宜性指数为 0，不再随着距离的增加而改变。

$$f_3=\begin{cases}\dfrac{8\,000-d_3}{8\,000}, & 0\leqslant d_3\leqslant 8\,000\\ 0, & d_3>8\,000\end{cases} \tag{4-4}$$

根据秸秆发电厂到秸秆原材料产地的模糊距离得到的土地适宜性分布如图 4-3 所示。

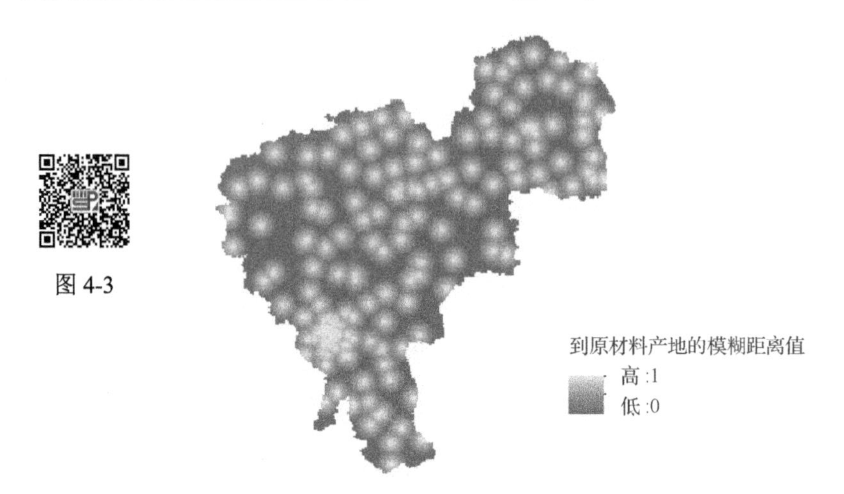

图 4-3　根据秸秆发电厂到秸秆原材料产地的模糊距离得到的土地适宜性分布

4. 与建成区的模糊距离

运用式（4-5）计算秸秆发电厂厂址与建成区的模糊距离。秸秆发电厂选址距离建成区的距离在 800～5 000m 既可以满足经济可行性，又能保证不会因为建厂而对居民的正常生活造成干扰及污染居民生活环境。

$$f_4=\begin{cases}\dfrac{5\,000-d_4}{5\,000}, & 800\leqslant d_4\leqslant 5\,000\\ 0, & d_4<800\text{或}d_4>5\,000\end{cases}\tag{4-5}$$

式中，f_4表示秸秆发电厂到建成区的模糊距离；d_4为秸秆发电厂到建成区的距离。

根据秸秆发电厂到建成区的模糊距离得到的土地适宜性分布如图 4-4 所示。

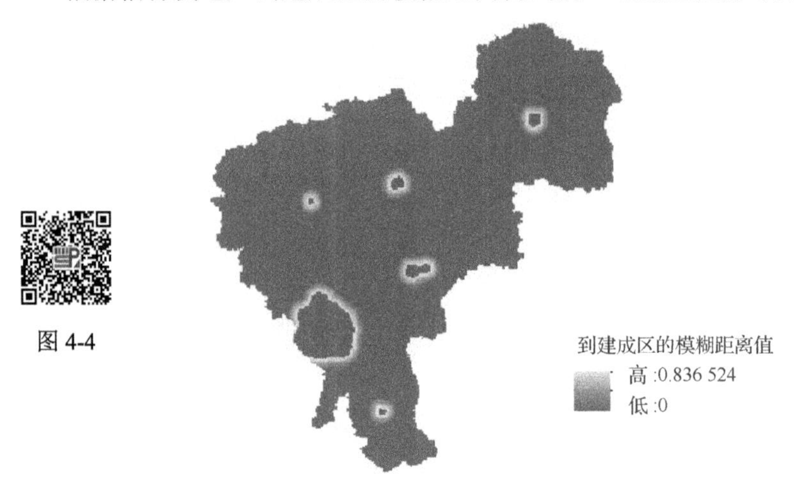

图 4-4　根据秸秆发电厂到建成区的模糊距离得到的土地适宜性分布

5. 与水源地的模糊距离

秸秆发电厂距离水源地的模糊距离函数如式（4-6）所示。

$$f_5 = \begin{cases} \dfrac{1\,600 - d_5}{1\,600}, & 10 \leqslant d_5 \leqslant 1\,600 \\ 0, & d_5 < 10 \text{或} d_5 > 1\,600 \end{cases} \tag{4-6}$$

式中，f_5 为秸秆发电厂到水源地的模糊距离；d_5 为秸秆发电厂到水源地的距离。秸秆发电厂选址距离水源地的最大距离为 1 600m，即在水源地 10～1 600m 的秸秆发电厂选址符合秸秆发电厂用水的经济可行性。随着距离水源地的距离增加，适宜性指数减小，当距离水源地的距离>1 600m 时，适宜性指数为 0，不再随着距离的增加而改变。秸秆发电厂建厂应尽可能地靠近水源地，便于水资源的获取，但是为了发电厂的安全，厂址选择需要在河流的下游且距离水源地一定距离之外。

根据秸秆发电厂到水源地的模糊距离得到的土地适宜性分布如图 4-5 所示。

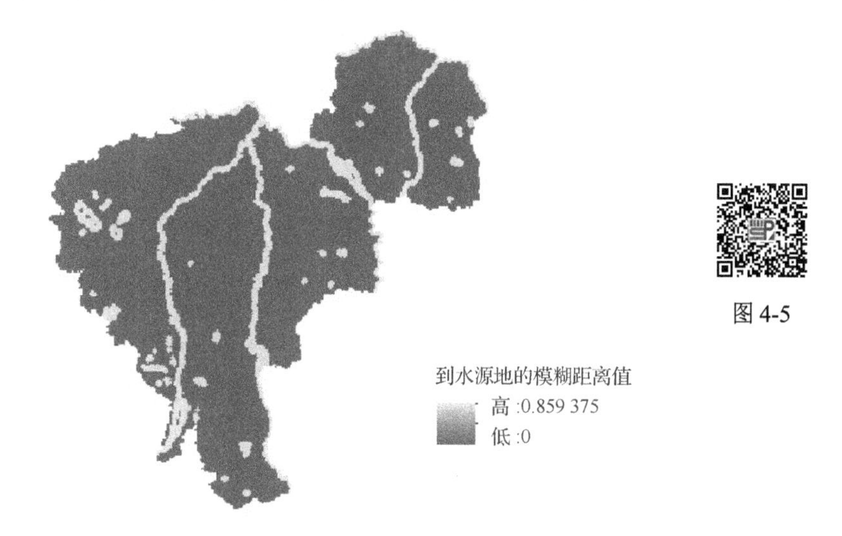

图 4-5　根据秸秆发电厂到水源地的模糊距离得到的土地适宜性分布

6. 与电网的模糊距离

秸秆发电厂距离电网的模糊距离函数如式（4-7）所示。

$$f_6 = \begin{cases} \dfrac{5\,000 - d_6}{5\,000}, & 50 \leqslant d_6 \leqslant 5\,000 \\ 0, & d_6 < 50 \text{或} d_6 > 5\,000 \end{cases} \tag{4-7}$$

式中，f_6 为秸秆发电厂到电网的模糊距离；d_6 为秸秆发电厂到电网的距离。秸秆发电厂选址距离电网的最大距离为 5 000m，即距离电网 50～5 000m 建设秸秆发电厂可满足经济的可行性。

根据秸秆发电厂到电网的模糊距离得到的土地适宜性分布如图 4-6 所示。

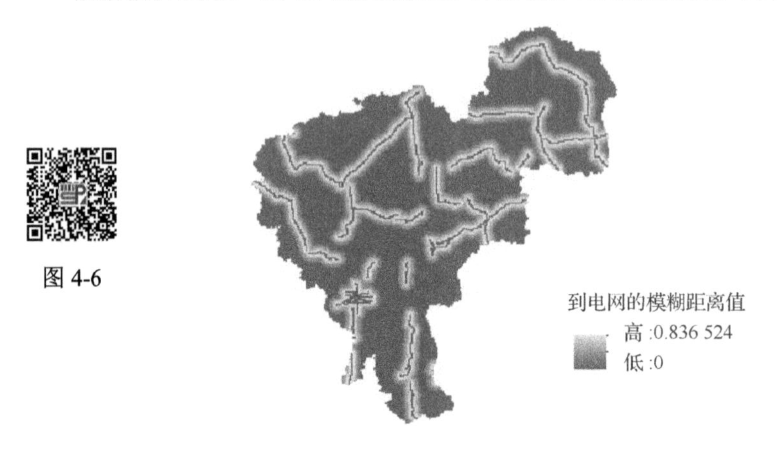

图 4-6　根据秸秆发电厂到电网的模糊距离得到的土地适宜性分布

7. 与污水处理厂的模糊距离

秸秆发电厂距离污水处理厂的模糊距离函数如式（4-8）所示。

$$f_7=\begin{cases}\dfrac{5\,000-d_7}{5\,000}, & 10\leqslant d_7\leqslant 5\,000\\ 0, & d_7<10\text{或}\ d_7>5\,000\end{cases}\tag{4-8}$$

式中，f_7 为秸秆发电厂到污水处理厂的模糊距离；d_7 为秸秆发电厂到污水处理厂的距离，秸秆电厂选址距离污水处理厂的最大距离为 5 000m，即在污水处理厂 10～5 000m 建设秸秆发电厂，可便于污水处理厂处理由发电产生的污水排放。

根据秸秆发电厂到污水处理厂模糊距离得到的土地适宜性分布，如图 4-7 所示。

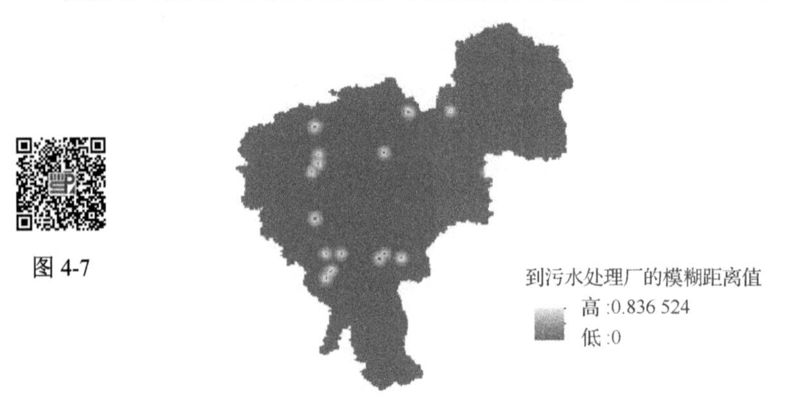

图 4-7　根据秸秆发电厂到污水处理厂模糊距离得到的土地适宜性分布

根据上述 7 个影响因素的模糊函数计算结果，结合这 7 个评价指标的权重结果，利用 GIS 空间分析中的叠加分析功能，进行权重比的叠加分析。最后，结合限制条件（地理条件和不适宜区域），得出秸秆发电厂土地适宜性指数，如图 4-8 所示。

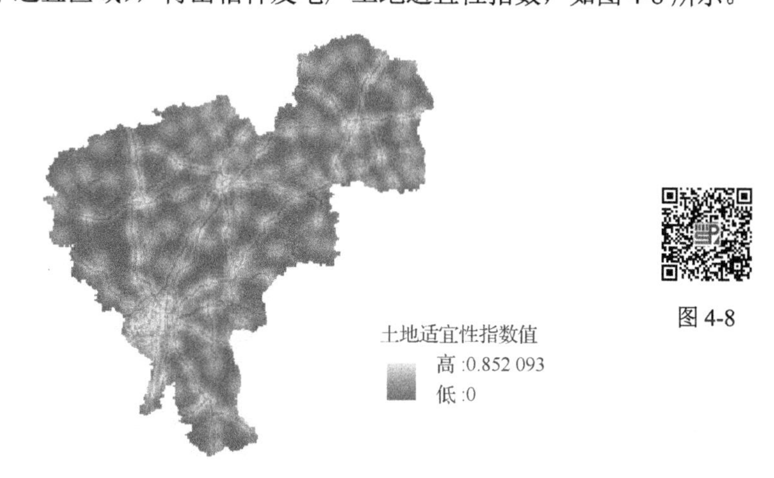

图 4-8　秸秆发电厂土地适宜性指数

4.4.3　土地适宜性指数分类

利用线性模糊逻辑预测模型[式（4-1）]，计算出研究区域的土地适宜性指数（SSI），其数值范围为 0～0.852 093。这个数值范围表明研究区域内每个 30m×30m 栅格单元的土地适宜性。为了进一步方便秸秆发电厂的选址，需要对所有的栅格单元进行分类，即对连续的数值范围进行数据分级。

1. 数据分级方法

ArcGIS 空间分析模块中提供了 6 种数据分级方法，即定义间隔分类法、等距分类法、等量分类法、标准差分类法、几何分类法和自然断点分类法。

1）定义间隔分类法，即定义一个间隔，如 0～100 的数据，定义 10 为间隔，那么 10、20 等就是断点，分类数由间隔大小决定。

2）等距分类法，定义一个分类数，如 0～100 的数据，分为 4 类，那么间隔就是 25。间隔确定，则其就和定义间隔分类法的原理一致。

3）等量分类法，又叫分位数分类法，每一类的数目一样，这样就不会出现空类了。等量分类法适用于线性分布的数据，如排名数据。但它不考虑数值大小，很可能将两个大小相近的值分到不同的类别中，也可能数值一样的数据，却分在不同的类中。

4）标准差分类法，比较适合正态分布的数据，用于表现与均值相异的程度。

5）几何分类法，是 Esri 开发的一种分类法。

6）自然断点分类法，一般来说，其分类的原则就是将类似的放在一起，分成若干类。统计上可以用方差来衡量，通过计算每类的方差，再计算这些方差之和，用方差和的大小来比较分类的好坏。因而需要计算各种分类的方差和，其值最小的就是最优的分类结果。这也是自然断点分类法的原理。另外，当看数据的分布时，可以比较明显地发现断裂之处，因而这种分类法很“自然”。

2. 数据分类

如果采用自然断点分类法[25]，对得到的研究区土地适宜性指数重新划分为 3 类，即不适宜地区（0～0.157 492）、低适宜度地区（0.157 492～0.341 952）和高适宜度地区（0.341 952～0.852 093），发现最合适的地区约占全部土地面积的 0.12%；如果采用等距分类法[26]，则 3 种类型将是不适宜地区（0～0.237 154）、低适宜度地区（0.237 154～0.474 308）和高适宜度地区（0.474 308～0.852 093），其中最合适的地区约占全部土地面积的 1.76%；如果采用等量分类法[27]，则 3 种类型将是不适宜地区（0～0.096 541）、低适宜度地区（0.096 541～0.202 676）和高适宜度地区（0.202 676～0.852 093），其中最合适的地区约占全部土地面积的 33%。如前所述，稻秆发电厂应该建在最合适的地区，并可使用公用事业（电力、天然气、水和下水道）和预先存在的基础设施。注意，与其他两种方法相比，等量分类法提供了更高的适合面积，但这是由数据本身的分布情况决定的，过大的适合区域也不利于稻秆发电厂的选址。所以，本章采用自然断点分类法对研究区土地适宜性指数进行分类，分类后的结果如图 4-9 所示。

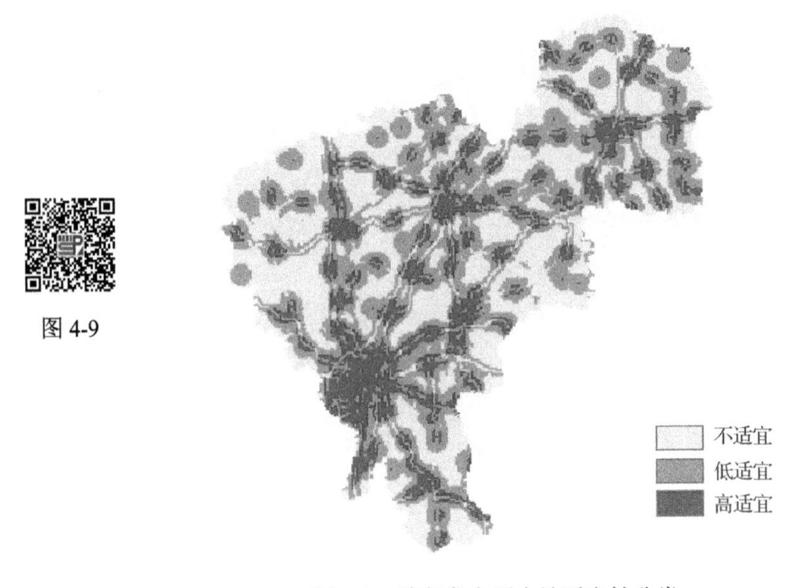

图 4-9　稻秆发电厂土地适宜性分类

落在最适合的地区内的潜在秸秆发电厂用地总结在表 4-4 中。取适宜性指数较高的前 20 个用地区域，作为适合建设秸秆发电厂的地区，即秸秆发电厂的备选厂址。

表 4-4　秸秆发电厂备选厂址土地适宜性排序

序号	市县区名	乡镇街道	区位优势——附近公路
1	榆树市	八号镇	X019、G102、S302、G202
2	榆树市	先锋乡	S302、G102、榆陶线
3	榆树市	青山乡	G202、G1211、S222
4	榆树市	保寿镇	X024、X021、G202、S210
5	榆树市	大坡镇	X007、G202、S212
6	德惠市	大房身镇	X017、S303、G102
7	德惠市	岔路口镇	X017、S303、S212、G102
8	德惠市	同太乡	S001、X004、X009、G1
9	德惠市	夏家店镇	S303、X025、G102
10	德惠市	边岗乡	X013、G1、S303
11	农安县	巴吉垒镇	S001、X005、G302、G12
12	农安县	三盛玉镇	X010、G12、G203、S001
13	农安县	万顺乡	X010、G302、G12
14	农安县	高家店镇	S303、G302、G12
15	农安县	哈拉海镇	S303、G302、G12
16	农安县	开安镇	X004、G302、G12
17	农安县	三岗镇	S106、X005、S001、G302、G12
18	九台区	苇子沟街道	S212、S001、S101
19	九台区	沐石河街道	X023、S212、S303、S101
20	九台区	西营城街道	S001、S101、G12

4.5　秸秆发电厂选址决策分析

如前所述，通过秸秆发电厂土地适宜性分析可以筛选出适宜性指数最高的前 20 个用地区域为秸秆发电厂的备选厂址。然而，这些用地区域在原材料获取成本、可用工业用地面积、政府扶持政策等方面仍然存在很大差别，因此，需要采用多准则决策（multi-criteria decision making，MCDM）分析方法进一步分析这些备选厂址的适宜性。

MCDM 分析方法是指在具有相互冲突、不可共度的有限（无限）方案集中进行选择的决策分析方法，它是分析决策理论的重要方法之一[25]。模糊多准则决策（fuzzy MCDM，FMCDM）是当前决策领域的一个研究热点，在实际决策中有着广泛的应用。1965 年，Zadeh 提出了模糊集理论。1970 年，Bellman 和 Zadeh 将模糊集理论引入多准则决策，提出了模糊决策分析的概念和模型，用于解决实际决策中的不确定性问题。自此，FMCDM 取得了众多研究成果。模糊数的提出使人们可以利用它较好地描述多准则决策中的模糊性，从而基于模糊数的 MCDM 便成为 FMCDM 的一个重要研究方向。

空间多准则决策问题是指将 MCDM 分析应用在空间环境中，包括评估标准和决策问题中有明确空间维度的其他元素。GIS 技术支持的多指标综合评价是一种结构化的建模方法，是方案选优和决策的基础，是一种较为成熟的辅助决策技术，通常包括指标体系设计、指标量化及标准化、权重确定、综合评价及灵敏度分析等步骤。尽管 MCDM 支持系统和 GIS 能够独立地解决一些简单问题，但是许多复杂问题需要两者结合起来提供更好的解决方案。20 世纪 80 年代后期，MCDM 分析已经与 GIS 相结合来增加空间多准则决策的应用[26,27]。

4.5.1　折中规划法概述

作为一种多准则决策分析方法，折中规划法是解决多目标优化的有效工具，在运筹学/管理科学领域有着广泛的应用。折中规划法是由 Yu[28]和 Zeleny[29]分别于 20 世纪 70 年代初期提出的，通过逼近逐一目标函数来求解多目标优化问题的最优解。

折中规划法的基本理论如下。

一般地，多目标规划的一般形式为

$$\max\{f_1(x), f_2(x), \cdots, f_k(x)\} \tag{4-9}$$

$$\text{s.t.}\ x \in X \tag{4-10}$$

式（4-9）中有 k（$k \geqslant 2$）个目标函数 $f_i(x)$，i=1, 2,⋯, k，目标函数要全部同时最大化。

$$x \in X = \left\{x \in R^n \middle| g_j(x) \leqslant 0, h_l(x) = 0\right\}, \quad \forall j = 1, 2, \cdots, q; l = 1, 2, \cdots, r \tag{4-11}$$

如果所有的目标函数之间均没有冲突，那么很容易得到问题的最优解，使所有目标函数同时达到最优。假设目标函数中至少有两个存在冲突，即 k 个目标函数中至少有一个目标函数的增加必然导致另一个目标函数的减少，并且为了使模型具有更广泛的可应用性，假设各个目标函数分别具有不同的度量单位。

定义 1　决策变量 $x^* \in X$ 为 Pareto 最优，如果不存在另外的决策变量 $x \in X$，使对于所有的 i=1, 2,⋯, k，$f_i(x) \geqslant f_i(x^*)$ 和对于至少其中一个 n，$f_n(x) \geqslant f_n(x^*)$。

假设 $y^0 = (y_1^0, y_2^0, \cdots, y_k^0)$ 为原多目标规划问题中，分别对应于每一个目标函数的理想解（即单一目标优化时的最优解），那么多目标优化问题的折中解即为与理想解距离最小的变量。

因此，原多目标函数优化问题即可转化为下面的单目标函数的优化问题[30]：

$$\min\left\{\left[\sum_{i=1}^{k}\lambda_i^p(f_i(x)-y_i^0)^p\right]^{1/p}\right\},\quad \forall x\in X,\lambda\in\Lambda \tag{4-12}$$

式中，$\Lambda=\left\{\lambda\in R^k\middle|\lambda\geqslant 0,\sum_{i=1}^{k}\lambda_i=1\right\}$，$\lambda_i$ 为目标函数 i 的权重。

当目标函数具有不同的度量单位时，需要将目标函数的折中解与其理想解的绝对距离转化为相对距离，使它们之间能够相互进行比较，即转化为下面的优化问题：

$$\min\left\{\left[\sum_{i=1}^{k}\left(\lambda_i\cdot\frac{f_i(x)-y_i^0}{y_i^0}\right)^p\right]^{1/p}\right\},\quad \forall x\in X,\lambda\in\Lambda \tag{4-13}$$

记 $Z_i(x)=\dfrac{f_i(x)-y_i^0}{y_i^0}$。在 p 取不同数值时，其目标函数的意义也不同，具体如下。

1）当 $p=1$ 时，目标函数表示所有单一目标函数的距离之和，此时的目标函数定义为 Manhattan 距离：

$$\min\left\{\sum_{i=1}^{k}|\lambda_i Z_i(x)|\right\} \tag{4-14}$$

2）当 $1<p<\infty$ 时，目标函数表示加权几何距离；当 $p=2$ 时，目标函数表示 Euclidean 距离：

$$\min\left\{\left[\sum_{i=1}^{k}(\lambda_i Z_i(x))^2\right]^{1/2}\right\} \tag{4-15}$$

3）当 $p=\infty$ 时，目标函数定义为 Chebyshev 距离，表示最大加权距离：

$$\min\{\max|\lambda_i Z_i(x)|\} \tag{4-16}$$

4.5.2　数据处理

采用折中规划法对秸秆发电厂 20 个备选厂址的适宜性进行排序。评价指标仍然选择前一阶段的 7 个评价指标，即距离铁路运输线、距离公路主干线、距离秸秆原材料产地、距离建成区、距离电网、距离水源地和距离污水处理厂，对应的指标权重分别为 0.08、0.235、0.343、0.044、0.127、0.127、0.044。

使用 ArcGIS 空间分析中的区域统计工具，来计算每个备选厂址距离铁路运输线、公路主干线、原材料产地、建成区、水源地、电网及污水处理厂的平均距离，并对距离进行标准化处理。标准化后的数据如表 4-5 所示。

表 4-5　标准化后的距离

乡镇街道	距离铁路运输线	距离公路主干线	距离原材料产地	距离建成区	距离水源地	距离电网	距离污水处理厂
八号镇	0.060 9	0.000 0	0.091 2	0.011 1	0.080 7	0.375 0	0.375 0
先锋乡	0.000 0	0.000 0	0.065 8	0.042 9	0.065 7	0.151 7	0.151 7
青山乡	0.019 3	0.000 0	0.105 6	0.047 6	0.083 0	0.275 0	0.275 0
保寿镇	0.000 0	0.093 0	0.088 1	0.023 0	0.066 1	0.058 3	0.093 0
大坡镇	0.192 7	0.000 0	0.098 4	0.005 6	0.073 8	0.269 1	0.269 1
大房身镇	0.155 3	0.003 3	0.000 0	0.000 0	0.076 8	0.058 1	0.155 3
岔路口镇	0.019 3	0.010 4	0.096 9	0.019 9	0.081 0	0.113 4	0.113 4
同太乡	0.038 5	0.000 0	0.102 0	0.018 3	0.078 7	0.000 0	0.102 0
夏家店镇	0.000 0	0.000 0	0.102 8	0.034 9	0.052 8	0.148 6	0.148 6
边岗乡	0.057 8	0.015 1	0.105 9	0.007 9	0.056 2	0.143 8	0.143 8
巴吉垒镇	0.027 2	0.031 3	0.020 6	0.001 6	0.080 8	0.003 7	0.080 8
三盛玉镇	0.019 3	0.042 0	0.057 2	0.054 0	0.000 0	0.306 1	0.306 1
万顺乡	0.154 1	0.000 0	0.075 2	0.023 0	0.073 0	0.114 3	0.154 1
高家店镇	0.289 0	0.000 0	0.105 1	0.007 9	0.073 0	0.274 9	0.289 0
哈拉海镇	0.000 0	0.007 0	0.106 0	0.023 8	0.031 3	0.114 0	0.114 0
开安镇	0.019 3	0.067 8	0.090 2	0.015 9	0.070 8	0.051 2	0.090 2
三岗镇	0.019 3	0.000 0	0.029 9	0.003 2	0.073 3	0.031 6	0.073 3
苇子沟街道	0.154 1	0.045 2	0.094 3	0.004 0	0.065 8	0.001 1	0.154 1
沐石河街道	0.134 9	0.009 6	0.094 3	0.024 6	0.069 2	0.097 1	0.134 9
西营城街道	0.000 0	0.016 1	0.101 5	0.009 5	0.053 7	0.155 4	0.155 4

4.5.3　选址决策分析结果

本章中分别计算了当 $p=1$ 和 $p=2$ 时的 20 个备选厂址的排序。再计算每个厂址的排序之和为 $p=1$ 和 $p=2$ 时的排序之和，以此为基础得到所有备选厂址的最终排序，结果如表 4-6 所示。

表 4-6　秸秆发电厂备选厂址适宜性排序

乡镇街道	$p=1$	$p=2$	排序之和	最终排序
八号镇	1	2	3	1
先锋乡	2	6	8	3
青山乡	3	1	4	2
保寿镇	4	5	9	5
大坡镇	5	3	8	3
大房身镇	6	13	19	8
岔路口镇	7	7	14	6

续表

乡镇街道	p=1	p=2	排序之和	最终排序
同太乡	8	12	20	9
夏家店镇	9	15	24	12
边岗乡	10	4	14	6
巴吉垒镇	11	16	27	13
三盛玉镇	12	9	21	10
万顺乡	13	14	27	15
高家店镇	14	8	22	11
哈拉海镇	15	11	26	14
开安镇	16	17	33	17
三岗镇	17	19	36	18
苇子沟街道	18	10	28	16
沐石河街道	19	18	37	19
西营城街道	20	20	40	20

由表 4-6 可知，长春市生物质秸秆电厂排名前五的备选厂址是：八号镇、青山乡、先锋乡、大坡镇及保寿镇。为了提高分析结果的准确性，我们允许折中规划模型中各评价指标的权重可在 0～0.3 变化，并进行了 10 次随机模拟，以计算每个备选厂址是首选的概率，结果如表 4-7 所示。由表 4-7 可知，当参数 p 的取值分别为 1 和 2 时，备选厂址 1（八号镇）和备选厂址 3（青山乡）是最优的。

表 4-7　关于不同 p 值的选址最适宜性概率统计

市县区名	乡镇街道	p=1			p=2		
		均值	变化范围	最适宜性概率	均值	变化范围	最适宜性概率
榆树市	八号镇	0.126 9	0.001 288	1	0.421 9	0.002 288	0
榆树市	先锋乡	0.150 3	0.003 202	0	0.367 3	0.004 426	0
榆树市	青山乡	0.155 7	0.001 101	0	0.206 7	0.006 567	1
榆树市	保寿镇	0.161 1	0.000 352	0	0.340 1	0.008 708	0
榆树市	大坡镇	0.186 5	0.000 903	0	0.379 5	0.010 841	0
德惠市	大房身镇	0.288 9	0.000 801	0	0.548 9	0.012 987	0
德惠市	岔路口镇	0.236 3	0.002 704	0	0.438 3	0.015 125	0
德惠市	同太乡	0.268 8	0.004 601	0	0.297 7	0.017 267	0
德惠市	夏家店镇	0.288 1	0.006 505	0	0.437 1	0.019 402	0
德惠市	边岗乡	0.393 5	0.008 403	0	0.476 5	0.021 544	0
农安县	巴吉垒镇	0.438 9	0.000 305	0	0.515 9	0.023 685	0
农安县	三盛玉镇	0.504 3	0.002 208	0	0.455 3	0.025 827	0
农安县	万顺乡	0.519 7	0.004 106	0	0.594 7	0.027 969	0
农安县	高家店镇	0.555 1	0.006 002	0	0.534 1	0.030 103	0

续表

市县区名	乡镇街道	p=1			p=2		
		均值	变化范围	最适宜性概率	均值	变化范围	最适宜性概率
农安县	哈拉海镇	0.560 5	0.007 904	0	0.673 5	0.032 247	0
农安县	开安镇	0.585 9	0.009 806	0	0.612 9	0.034 382	0
农安县	三岗镇	0.586 3	0.001 707	0	0.652 3	0.036 526	0
九台区	苇子沟街道	0.596 7	0.003 602	0	0.691 7	0.038 66	0
九台区	沐石河街道	0.642 1	0.005 508	0	0.631 1	0.040 808	0
九台区	西营城街道	0.647 5	0.007 403	0	0.770 5	0.042 949	0

备选厂址的适宜性决策是一个复杂的过程，可以看出，土地适宜性模型或折中规划模型中的评估标准的偏好可能会发生显著变化，不同的利益相关者如投资者、当地居民和环境保护者，可能会参与决策过程并且会有不同的兴趣。Strager 和 Rosenberger[31,32]建议通过统计验证内部和整个组合的偏好来适应不同的潜在冲突偏好。一个生物质秸秆电厂将对所处的区域产生一系列的社会、经济及环境影响，需要考虑到这些排名最高的备选厂址的经济可持续性发展。例如，长期稳定的生物质秸秆资源的供应至关重要，研究区域内每年会生产大量的秸秆资源，可以保证生物质秸秆发电厂的长期原材料供应。本章框架提供了一种可行的备选秸秆发电厂厂址的筛选和排名方法，虽然选择的标准和潜在的主观性与偏好权重存在一定的局限性，但通过改变两者的权重大小，通过随机模拟分析，可以计算出相对较可靠的选址评价结果，为生物质秸秆发电厂进一步的经济可行性分析提供依据。

参考文献

[1] 肖忠东，陈建华，杨小路．基于秸秆资源发电的厂址选择研究[J]．科学决策，2008（11）：67-69.

[2] EASTERLY J L, HAQ Z. Agricultural residue availability in the United States[J]. Appl biochem biotechnol, 2006, 129(1-3):3-21.

[3] 陈聪，李薇，李延峰，等．生物质发电厂优化选址建模及决策研究[J]．农业工程学报，2011，27（1）：255-260.

[4] KUBY M, LIM S. Location of alternative-fuel stations using the flow-refueling location model and dispersion of candidate sites on arcs[J]. Networks & spatial economics, 2007, 7(2):129-152.

[5] 丁亮．射阳县秸秆发电的分布式秸秆储运系统研究[D]．南京：南京大学，2015.

[6] CHUDAK F A, WILLIAMSON D P. Improved approximation algorithms for capacitated facility location problems[J]. Mathematical programming, 2005, 102(2):207-222.

[7] 戴志宏．秸秆电厂的火灾风险分析与防范[J]．消防科学与技术，2013，32（11）：1295-1297.

[8] PIRKUL H, JAYARAMAN V. A multi-commodity, multi-plant, capacitated facility location problem: formulation and efficient heuristic solution[J]. Computers & operations research, 1998, 25(10):869-878.

[9] 邹慧霞．基于模糊物元分析法的石油化工厂址选择及其厂址评价研究[D]．西安：西安建筑科技大学，2009.

[10] KOIKAI J S. Utilizing GIS-based suitability modeling to assess the physical potential of bioethanol processing plants in Western Kenya[M]. Winona: Saint Mary's University of Minnesota University Central Services Press, 2008.

[11] APAWOOTICHAI S. Inclusion of environmental criteria for light industry estate site selection in Supanburi Province [D]. Bangkok: King Mongkut's University of Technology Thonburi, 2001.

[12] BAIN R W, AMOS M D, DOWNING M, et al. Biopower technical assessment: state of the industry and the technology[C]. National Renewable Energy Laboratory Report, Golden Colorado, 2003.

[13] FPL. Electric service standards[EB/OL].(2010-02-15)[2018-10-23]. http://nexteraenergyresource.com/ doingbusiness/ builder/pdf/Ess13Safety.pdf, 2010.

[14] Pueblo County Board. Local regulations of site selection and construction of major new domestic water and sewage treatments systems and major extensions of existing domestic water and sewage treatment systems[EB/OL]. (2019-03-15)[2018-03-15]. http://pueblo.org/government/county/code/title 17/chapter17-164.

[15] STANS M H, SICILIANO R C G, Podesta. How to make an industrial site survey[J]. Economic development review, 1991, 9(4): 65.

[16] READY R, GUIGNET D. Methodology for projecting land cover change in the CARA region [EB/OL]. (2014-12-31)[2018-05-21]. http://www.cara.psu.edu/about/LndUse_Methodology.pdf, 2014.

[17] HENDRIX W C, DUCKLEY D J A. Use of a geographical information system for selection of sites for land application of sewage waste[J]. Journal of soil and water conservation, 1992, 47(3): 271-275.

[18] 问歆朴．火电厂建设选址的综合评价方法及案例研究[D]．保定：华北电力大学，2004.

[19] 金菊良，魏一鸣，丁晶．基于改进层次分析法的模糊综合评价模型[J]．水利学报，2004，35（3）：65-70.

[20] BANAI-KASHANI R. A new method for site suitability analysis: the analytic hierarchy process [J]. Environmental management, 1989, 13(6):685-693.

[21] FORMAN E, PENIWATI K. Aggregating individual judgments and priorities with the analytic hierarchy process [J]. European journal of operational research, 1998, 108(1):165-169.

[22] 张冲冲，刘志锋，南颖．基于多时相环境一号卫星 CCD 数据的植被覆盖信息快速提取研究：以长白山地区为例[C]．2012 自然地理学与生态安全学术研讨会，2012.

[23] WU J, WANG J, STRAGER M. A two-stage GIS-based site suitability model for potential biomass-to-biofuel plants in West Virginia[J]. International journal of forest engineering, 2011, 22(2): 28-38.

[24] 程雨，朱庆杰，党旭光，等．基于 GIS 城镇土地利用防灾适宜性评价方法分析[J]．岩土力学，2009，30（S2）：505-508.

[25] 方芳，梁旭，李灿，等．空间多准则决策研究概述[J]．测绘科学，2014，39（7）：9-12.

[26] 荣月静，张慧，赵显富．基于 MCE-CA 耦合模型的嘉兴市土地利用预测情景下生态敏感性评价[J]．农业资源与环境学报，2015（4）：343-353.

[27] 杜萌，赵冬玲，杨建宇，等．基于元胞自动机复合模型的土地利用演化模拟：以北京市海淀区为例[J]．测绘学报，2015，44（S1）：68-74.

[28] YU P L. A class of solutions for group decisions problems[J]. Management science, 1973, 19(8):936-946.

[29] ZELENY M. Compromise programming//COCHRANE J L, ZELENY M. Multiple criteria decision making [M]. Columbia: University of South Carolina Press, 1973.

[30] ZELENY M. Multiple Criteria Decision Making [M]. New York: McGraw-Hill Book Company, 1982.

[31] STRAGER M P, ROSENBERGER R S. Incorporating stakeholder preferences for land conservation: weights and measures in spatial MCA[J]. Ecological economics, 2006, 57(4):627-639.

[32] STRAGER M P, ROSENBERGER R S. Aggregating high-priority landscape areas to the parcel level: an easement implementation tool[J]. Journal of environmental management, 2007, 82:290-298.

第 5 章　秸秆发电厂生物质燃料供应成本优化分析

目前，生物质秸秆供应成本居高不下已成为制约生物质秸秆发电的一大瓶颈。因此，如何优化生物质发电厂的燃料供应物流系统，科学合理地安排生物质秸秆的收集、储存、运输等各个环节，努力降低生物质秸秆供应成本成为秸秆发电厂迫切需要解决的问题。

本章以生物质秸秆供应成本最小化为目标，构建一个基于集中型收储运模式的多时期、多来源生物质秸秆到厂成本优化模型。该模型的约束条件包括每个月可供使用的生物质秸秆数量、每个月可以采购的生物质秸秆数量限制、秸秆发电厂每个月的秸秆需求量、秸秆收储站和秸秆发电厂的生物质秸秆储存平衡关系、发电厂秸秆资源的库存限制等，并将该模型应用于黑龙江省望奎县国能望奎生物发电有限公司。研究结果将对其他同类的生物质秸秆发电厂降低生物质秸秆供应成本、改善发电厂的运营状况具有一定的理论指导和借鉴意义。

5.1　秸秆供应成本优化的意义

随着经济的飞速发展，我国的能源需求量逐年上升，能源消耗量的增长速度已经远远超过了世界上其他国家，能源的安全问题和环境问题变得日益严峻[1]。为了保障国家能源安全，降低对常规化石能源的依赖，改善生态环境，我国正在大力开发和利用各种可再生能源[2]。生物质能源被认为是一种具有潜力的可替代资源之一。生物质能源有许多利用方式，其中生物质发电是目前具有开发利用规模的一种生物质能源利用形式[3,4]。

近年来，我国生物质发电厂的发电容量不断增长，并且未来仍将保持增长趋势。2005 年以前，我国生物质发电的规模相对较小，发展的速度较为缓慢，发电总装机容量仅为 200 万 kW 左右，且主要来自农业加工项目中产生的农业废弃物的资源集中利用项目，发电燃料以蔗渣为主（蔗渣发电总装机容量约为 170 万 kW），其余发电燃料为碾米厂的稻壳等。2006 年，随着《可再生能源法》的实施和相关可再生能源电价补贴政策的出台和实施，人们对生物质发电的投资热情迅速高涨，进而启动并建设了各类利用农林废弃物的发电项目。截至 2010 年，国内已有 50 余家生物质发电厂投入运行。2010 年 7 月，《国家发展改革委关于完善农林生物质发电价格政策的通知》发布，制定了全国统一农林生物质发电标杆上网电价标准（0.75 元/kW·h），提高了生物质发电的上网电价，进一步加大了对生物质发电项目的扶持力度，使生物质发电产业呈现全面加速的发展态势。2007 年国家发展改革委发布的《可再生能源中长期发展规划》明确指出，到 2020 年，农林生物质发电总装机容量将达到 30 000MW[5]。生物质能的合理开发与利用，可以改善我国能源结构，减少温室气体排放，缓解日益恶化的生态环境，对建设节约型社会，实现社会的可持续性发展有着重要意义[2]。

然而，生物质资源的分布分散及收集难题，导致我国现阶段的生物质能源还不能进行大规模的开发和利用[6]。小型生物质秸秆发电厂的装机容量一般为 25MW 或 30MW。对于这些小型生物质秸秆发电厂来说，生物质秸秆供应成本居高不下制约了生物质秸秆发电的发展。生物质秸秆的物流成本一般占发电厂燃料总成本的 50%～70%[7]。当生物质秸秆的使用量达到一定规模时，秸秆原材料供应的稳定性就是发电必须考虑的关键问题，同时秸秆的供应成本问题也会愈加明显[8,9]。生物质秸秆供应物流系统包括发电厂与秸秆收购站的选址，秸秆燃料的收购、运输、储存等一系列的物流过程。发电厂与收购站的选址是生物质秸秆发电厂设计规划的第一步，合理的选址不仅能保障稳定的秸秆供应，还能减少秸秆的运输距离，从而降低原材料的获取成本。因此，优化生物质秸秆发电厂的秸秆供应物流系统，科学合理地安排秸秆原料的收集、储存、运输等各个环节，对于降低生物质秸秆物流成本显得尤为重要。

5.2　国内外研究现状分析

国内外学者在研究秸秆收储运模式、降低秸秆收集成本方面做了很多研究。在国外，Thorsell 等[10]利用计算机程序分析了不同作业机械与秸秆物流成本之间的关系，从而确定了秸秆燃料在收集、储存、运输等过程中的成本。

Santisirisomboon 等[11]采用优化方法对包括稻谷外壳、固体废物和燃料木材等不同类型的生物质燃料成本进行了分析，并将这一方法合理地扩展到生物质发电系统的规划中。

Caputo 等[12]在对生物质发电厂进行经济性分析的基础上，指出生物质燃料收购价格增加、资源密度降低、运输车辆价格增加、运输车辆容量下降等因素都会使生物质发电厂的运行成本增加，从而导致发电厂的经济效益降低。

Yu 等[13]在生物质能评价的基础上，结合完整的生物质燃料供应链，提出了一个能够合理定位生物质能源加工厂附近高密度种植区域的离散数学模型。

在国内，刘华财等[14]计算了生物质燃料供应链的子过程成本，分析了在 5 种不同模式下（中心料场直接收集散料模式、中心料场破碎收集模式、收储站破碎收集模式、收储站打包模式和成型颗粒模式）的生物质燃料供应成本的变化趋势。

王爱军等[15]为了对生物质发电成本进行分析，分别对生物质主要的发电方式（生物质气化发电、直燃发电、混燃发电等）进行了讨论，并且建立了生物质燃料消耗量模型和燃料成本模型，计算了不同发电方式在发电 15MW 基础上的年燃料消耗量、年燃料收购费用和燃料成本。

邢爱华等[16]基于秸秆类生物质资源的岛式分布特点，针对生物质秸秆收集过程中的成本、消耗和污染物排放等问题，建立了相关的数学模型，讨论了压缩对秸秆收集成本、能耗及环境的影响，建立了计算秸秆收集过程的临界收集量和临界运输距离的数学表达式，并对收集成本和能耗进行了参数敏感性分析。

杨树华等[17]通过对生物质燃料生产厂合理布局的科学分析，提出了生物质秸秆在收集过程中的经济原料收集半径、车辆平均运输半径及车辆满载和空载的等效模型。

综上可知，国内外学者对生物质燃料供应成本进行了大量的分析研究，但是由于秸秆的收集存在一定的时间限制，而这些研究没有考虑到不同收获时间秸秆可获得量的差异，因此，还需要进一步研究秸秆供应成本优化模型。

5.3　“公司+收储运公司”秸秆收储运模式的运作流程

由于分散型农作物秸秆收储运模式在很大程度上受制于农户和秸秆经纪人且不便于秸秆原料的统一管理，因此本章以“公司+收储运公司”集中型秸秆收储运模式为基础进行秸秆原材料供应成本的优化分析。下面对这种收储运模式的运作流程做进一步分析。

“公司+收储运公司”秸秆收储运模式主要以专业的秸秆收储运公司为主体，由收储运公司专门负责秸秆的收集、晾晒、储存、保管、运输等任务，一般以乡镇为中心，按照一定秸秆资源的可利用量，在经济合理范围内，分散设立多个秸秆收购点，形成一个收储网络系统[18]。该系统可以根据秸秆利用企业的原材料需求和质量要求，及时、保质、保量地运送到秸秆利用企业。

秸秆资源具有分散的特点，因此秸秆收储运公司对秸秆实行分散收集、统一管理。分散的农户或者秸秆经纪人对秸秆进行收集和晾晒，在秸秆达到一定的含水量以后，按照收储运公司的要求统一运送到秸秆收购点进行打捆、储存和保管。在一些地区还有专门的秸秆农民合作组织，先对秸秆原料进行收集和预处理，然后进行小规模储存，最后定期地根据需要运送到秸秆收购点。以上 3 种不同的秸秆来源最后都统一到秸秆收储运公司，由其运送到秸秆发电厂，保证了秸秆原料长期稳定的供应，进而保证了秸秆发电厂长期稳定地运行和经营。

“公司+收储运公司”秸秆收储运模式如图 5-1 所示。

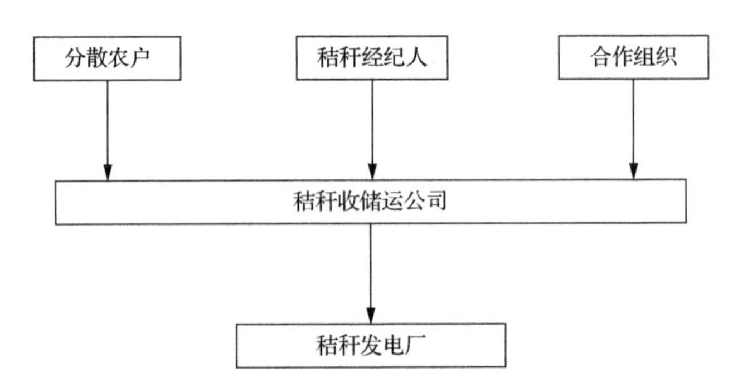

图 5-1　“公司+收储运公司”秸秆收储运模式

5.4　“公司+收储运公司”秸秆收储运模式下秸秆供应成本构成

在“公司+收储运公司”秸秆收储运模式下，生物质燃料秸秆的全部费用主要归结为 5 个部分，即采购成本 C_1、预处理成本 C_2、运输成本 C_3、装卸成本 C_4 和储存成本 C_5。因此，秸秆的供应总成本 C（元）可以表示为

$$C = C_1 + C_2 + C_3 + C_4 + C_5 \tag{5-1}$$

5.4.1　采购成本

秸秆收获具有数量大且分散、时间短且集中的特点。秸秆发电厂需要常年消耗秸秆原料，如果不能在秸秆收获季节快速收获秸秆，就不能满足秸秆规模化利用和连续化生产的要求，秸秆利用企业就无法保证正常运营。我国农作物秸秆的单位采购价格受市场调节。

本章中，采购成本是指单位质量生物质秸秆的购买价格与该地区每个月生物质秸秆采购数量的乘积：

$$C_1 = p_c \cdot x_{im} \tag{5-2}$$

式中，p_c 为单位质量生物质秸秆的购买价格（元/t）；x_{im} 为供应地 i 每个月采购生物质秸秆的数量（t）。

5.4.2　预处理成本

一般情况下，农作物秸秆不会从田间直接运往生物质发电厂，大部分农作物秸秆在收购站进行必要的预处理。这样不仅可以降低燃料后续的运输成本，还可以改善燃料密度、硬度、颗粒度等品质。

预处理成本可以用单位质量生物质秸秆的预处理费用与某地区每个月收购生物质秸秆数量的乘积表示：

$$C_2 = p_0 \cdot x_{im} \tag{5-3}$$

式中，p_0为单位质量生物质秸秆的预处理费用（元/t）。

生物质预处理费用p_0按照式（5-4）进行计算。式中，f_{p_0}为生物质秸秆预处理设施的固定投资（元/h）；r_{p_0}为生物质秸秆预处理设施的人工费用（元/h）；p_{p_0}为生物质秸秆预处理设施的维护和修理费用（元/h）；c_{p_0}为生物质秸秆预处理设施的燃料费用（元/h）；Q_{p_0}为生物质秸秆预处理设施的处理能力（t/h）。

$$p_0 = \frac{f_{p_0} + r_{p_0} + p_{p_0} + c_{p_0}}{Q_{p_0}} \tag{5-4}$$

5.4.3　运输成本

从田间收集的农作物秸秆经过初步预处理后被打包成捆。生物质发电厂或者秸秆收储运公司可以在秸秆打捆后通过大型车辆将其运输至发电厂。分散的秸秆也可以由农户利用平板车或三轮车进行短距离的运输。在计算秸秆运输费用时，不仅要考虑运输车辆类型，还要考虑输送距离、车辆购置费用、运行及维护费用等多方面的因素。

运输成本用单位质量生物质秸秆的运输成本与每个月从供应地到目的地运输的生物质秸秆的数量乘积表示：

$$C_3 = \tau_{ij} \cdot \mathrm{xt}_{ijm} \tag{5-5}$$

式中，xt_{ijm}为每个月从供应地i到目的地j运输生物质秸秆的数量（t）；τ_{ij}为单位质量生物质秸秆的运输成本。

单位质量生物质秸秆的运输成本τ_{ij}可以按照式（5-6）进行计算。

$$\tau_{ij} = \frac{t_{ij}}{Q} \tag{5-6}$$

式中，Q为平均每辆车的运载能力（t）；t_{ij}为平均每辆车从生物质秸秆供应地i到目的地j之间往返运输的车辆总成本（元）。

平均每辆车从供应地i到目的地j之间往返运输的车辆总成本t_{ij}包括从供应地i到目的地j的燃料费M，人工费用R，车辆的固定成本折旧费G，利息、保险费、税金等费用V及车辆的维修费用W，即

$$t_{ij} = M + R + G + V + W \tag{5-7}$$

（1）从供应地i到目的地j的燃料费M

平均每辆车运送一次生物质秸秆费用等于平均每辆车从供应地i到目的地j运送一次生物质秸秆的耗油量L与燃油价格 fpl 的乘积：

$$M = L \cdot \text{fpl} = \frac{2d_{ij}}{\text{kpl}} \cdot \text{fpl} \tag{5-8}$$

式中，d_{ij} 为供应地 i 到目的地 j 的距离（km）；kpl 为每升柴油可供运行的距离（km/L）。

（2）人工费用 R

人工费用等于平均每辆车从供应地 i 到目的地 j 之间运送生物质秸秆的时间 t 与平均每小时的人工费用 dwh（元/h）的乘积：

$$R = t \cdot \text{dwh} = \frac{2d_{ij}}{\text{kph}} \cdot \text{dwh} \tag{5-9}$$

式中，kph 为运载车辆的运行速度（km/h）。

（3）车辆的固定成本折旧费 G

车辆的固定成本折旧费等于单位使用时间内车辆的固定成本折旧费与平均每辆车从供应地 i 到目的地 j 之间运送生物质秸秆的时间 t 的乘积：

$$G = \frac{P - S}{T} \cdot t = \frac{P - S}{n \cdot \text{smh} \cdot \text{ut}} \cdot \frac{2d_{ij}}{\text{kph}} \tag{5-10}$$

式中，P 为每台运载车辆的购买价格（元）；S 为每台车辆报废后的残值（元）；$T = n \cdot \text{smh} \cdot \text{ut}$，为平均每辆车的实际工作时间，它等于车辆使用年限 n、每年车辆规定使用时间 smh 及车辆利用率 ut 的乘积。

（4）利息、保险费、税金等费用 V

平均每辆车运送生物质秸秆的利息、保险费、税金等费用等于单位时间车辆的利息、保险费、税金等费用与平均每辆车从供应地 i 到目的地 j 之间运送生物质秸秆的时间 t 的乘积：

$$V = \frac{\left(\frac{(P - S)(n + 1)}{2n} + S \right) \cdot \text{iitr}}{\text{smh} \cdot \text{ut}} \cdot \frac{2d_{ij}}{\text{kph}} \tag{5-11}$$

式中，iitr 为平均每年每辆车所需缴纳的利息、保险费、税金等占年平均投资成本的比例（%）。

（5）车辆的维修费用 W

平均每辆车每次运送生物质秸秆的维修费用等于单位使用时间的维修费用与平均每辆车从供应地 i 到目的地 j 之间运送一次生物质秸秆的时间 t 的乘积：

$$W = \frac{(P - S) \cdot \text{mr}}{\text{n} \cdot \text{smh} \cdot \text{ut}} \cdot \frac{2d_{ij}}{\text{kph}} \tag{5-12}$$

式中，mr 为平均每辆车的维修、维护率（%）。

综上所述，将式（5-8）～式（5-12）代入式（5-7）中，整理得出平均每辆车从生物质秸秆供应地 i 到目的地 j 之间往返运输的车辆总成本 t_{ij}，参数说明如表 5-1 所示。

$$\begin{aligned} t_{ij} &= M + R + G + V + W \\ &= \frac{2d_{ij}}{\text{kpl}} \cdot \text{fpl} + \frac{2d_{ij}}{\text{kph}} \cdot \text{dwh} \\ &\quad + \frac{\dfrac{(P-S)}{n} + \left(\dfrac{(P-S)(n+1)}{2n} + S \right) \cdot \text{iitr}}{\text{smh} \cdot \text{ut}} \cdot \frac{2d_{ij}}{\text{kph}} \\ &\quad + \frac{(P-S) \cdot \text{mr}}{n \cdot \text{smh} \cdot \text{ut}} \cdot \frac{2d_{ij}}{\text{kph}} \end{aligned} \tag{5-13}$$

表 5-1　参数说明

参数	说明	
d_{ij}	供应地 i 到目的地 j 的距离/km	$L = \dfrac{2d_{ij}}{\text{kpl}}$ 平均每辆车从供应地 i 到目的地 j 之间运送一次生物质燃料的耗油量
kpl	每升柴油可供运行的距离/（km/L）	
fpl	燃油价格/（元/L）	
dwh	人工费用/（元/h）	$t = \dfrac{2d_{ij}}{\text{kph}}$ 平均每辆车从供应地 i 到目的地 j 之间运送一次生物质燃料的时间
kph	运输车辆的运行速度/（km/h）	
n	车辆使用年限/年	$T = n \cdot \text{smh} \cdot \text{ut}$ 平均每辆车的实际工作时间/h
smh	每年车辆规定使用时间/h	
ut	车辆利用率/%	
P	每台运载车辆的购买价格/元	
S	每台车辆报废后的残值/元	
iitr	平均每年每辆车所需缴纳的利息、保险费、税金等占年平均投资成本的比例/%	
mr	平均每辆车的维修、维护率/%	

5.4.4　装卸成本

不同状态下的生物质秸秆装卸方式不同，堆密度也相差很大。耗时最长的是田间散料的装车，一般需要 2～3 人；预处理后的生物质秸秆使用带有装卸臂的运输车辆进行装车，到发电厂后可以进行自卸；秸秆包在收储站装卸时使用叉车。装卸费用要根据装卸方式决定，若是人工装卸只需计算人工费用；若是机器装卸，则其费用还要计算机器的燃料费用、折旧费用和维护费用等。

$$C_4 = \frac{F_l / N_d + V_l T_l}{M_l} \tag{5-14}$$

式中，F_l 为装卸机器固定费用（元/年）；N_d 为收储站年运行天数；V_l 为装卸机器可变费用（元/h）；T_l 为装卸机器工作时间（h）；M_l 为装卸量（t）。

5.4.5 储存成本

秸秆收集时间短、量大分散、含水量高的特点导致生产与燃料供应之间存在着时间间隔，如何长期有效地储藏生物质燃料显得尤为重要。最为普遍的农作物秸秆储存方式是露天储存，其储存成本较低，但是极易腐烂变质、会降低燃料的质量[19]。

生物质秸秆的储存成本分为生物质秸秆在供应地储存和在目的地（秸秆发电厂）储存两个部分：

$$C_5 = \mathrm{sc}_1 \cdot \mathrm{xs}_{im} + \mathrm{sc}_2 \cdot \mathrm{xss}_{jm} \tag{5-15}$$

式中，sc_1 为单位生物质秸秆在供应地 i 的储存成本（元/t）；xs_{im} 为每个月在供应地 i 储存的数量（t）；sc_2 为单位生物质秸秆在目的地 j 的储存成本（元/t）；xss_{jm} 为每个月在目的地 j 的储存数量（t）；$\mathrm{sc}_1 \cdot \mathrm{xs}_{im}$ 为生物质燃料在供应地 i 的储存成本（元）；$\mathrm{sc}_2 \cdot \mathrm{xss}_{jm}$ 为生物质燃料在目的地 j 的储存成本（元）。

5.5 模型构建及约束条件

5.5.1 目标函数

假设秸秆收购过程包括生物质秸秆的采购、生物质秸秆在供应地 i 的处理与储存、生物质秸秆从供应地 i 到目的地 j 的运输和生物质秸秆在目的地 j 的储存和使用，则秸秆到发电厂供应成本函数为

$$\begin{aligned} \mathrm{MIN}\ Z = & \sum_{i=1}^{I}\sum_{m=1}^{M}[(p_c + p_o)x_{im} + \mathrm{sc}_1 \cdot \mathrm{xs}_{im}] + \sum_{i=1}^{I}\sum_{j=1}^{J}\sum_{m=1}^{M}[(F_l / N_d + V_l T_l) / M_l + \tau_{ij}] \cdot \mathrm{xt}_{ijm} \\ & + \sum_{j=1}^{J}\sum_{m=1}^{M}(\mathrm{sc}_2 \cdot \mathrm{xss}_{jm} + \mathrm{gc} \cdot \mathrm{xpp}_{jm}) \end{aligned} \tag{5-16}$$

式中，gc 为单位质量生物质秸秆在目的地的处理费用。

5.5.2 约束条件

该模型[式（5-16）]的约束条件包括每个月可供使用的生物质秸秆数量、每个月可以采购的生物质秸秆的数量限制、秸秆发电厂每个月的需求量，生物质秸秆在收储站和秸秆发电厂的储存平衡关系、秸秆发电厂的库存限制等。各约束条件

中的变量定义如表 5-2 所示。

表 5-2 各约束条件中的变量定义

变量	定义
x_{im}	供应地 i 每个月收购的生物质秸秆数量（t）
xt_{ijm}	每个月从供应地 i 到目的地 j 运输生物质秸秆的数量（t）
xs_{im}	每个月生物质秸秆在供应地 i 储存的数量（t）
xss_{jm}	每个月生物质秸秆在目的地 j 储存的数量（t）
xpp_{jm}	发电厂每个月处理生物质秸秆的数量（t）

1）生物质秸秆供应约束。生物质秸秆供应地 i 每年收购的生物质秸秆数量不能超过供应地 i 的生物质秸秆可利用资源量的总量：

$$\sum_{m=1}^{M} x_{im} - p_i\left(\sum_{c=1}^{C}\pi R_i^2 k_{1c}\alpha_c k_{2c}\right) \leqslant 0,\quad \forall i \tag{5-17}$$

式中，p_i 为供应地 i 生物质秸秆可利用的比例（%）；R_i 为供应地 i 农作物收集半径（km）；k_{1c} 为 c 类农作物播种比例（%）；α_c 为 c 类农作物每平方千米的产量（$\mathrm{t/km^2}$）；k_{2c} 为 c 类农作物的草谷比系数。c 类农作物包括玉米、水稻、小麦、谷子、高粱等。

2）生物质秸秆供应地 i 每个月收购的数量限制。由于秸秆生物质燃料的收集具有很强的季节性，因此每个月能够收集到的数量也有所不同。一般从 11 月到次年的 5 月为主要的收集期[20]。

$$x_{im} - \mathrm{LMT}_m p_i\left(\sum_{c=1}^{C}\pi R_i^2 k_{1c}\alpha_c k_{2c}\right) \leqslant 0,\quad \forall i \tag{5-18}$$

3）第 m 月时，供应地 i 当月采购的生物质秸秆数量和上月储存后本月可用的生物质秸秆数量之和与运输到发电厂的生物质秸秆数量和本月储存在供应地的秸秆数量之和是相等的。

$$x_{im} + \theta\cdot \mathrm{xs}_{im-1} - \sum_{j=1}^{J}\mathrm{xt}_{ijm} - \mathrm{xs}_{im} = 0,\ \forall i,m \tag{5-19}$$

式中，θ 为供应地 i 生物质燃料的可利用系数（%）；$\mathrm{xt}_{ijm} - \mathrm{xs}_{im}$ 为储存过程中的损耗情况；$\theta\cdot \mathrm{xs}_{im-1}$ 为上个月（第 $m-1$ 月）储存后第 m 月可利用的秸秆数量（t）。

4）生物质秸秆采购条件。要求全年采购的生物质秸秆数量等于全年运输到秸秆发电厂的秸秆数量加上由于储存而损耗的秸秆数量。

$$\sum_{m=1}^{M} x_{im} - (1-\theta)\sum_{m=1}^{M}\mathrm{xs}_{im} - \sum_{m=1}^{M}\sum_{j=1}^{J}\mathrm{xt}_{ijm} = 0,\quad \forall i \tag{5-20}$$

5）生物质秸秆在发电厂的储存平衡条件。要求第 m 月运输的秸秆可用量与发电厂第 $m-1$ 月所储存的秸秆数量的总和要等于秸秆发电厂当月的秸秆储存数量和燃烧量的总和。

$$\sum_{i=1}^{I}(1-\delta)(1-\mathrm{wc})\mathrm{xt}_{ijm}+\varphi\cdot\mathrm{xss}_{j(m-1)}-\mathrm{xss}_{jm}-\mathrm{xpp}_{jm}=0 \tag{5-21}$$

式中，δ 为运输过程中的秸秆损耗（%）；wc 为生物质秸秆的平均含水率（%）；φ 为目的地 j 生物质秸秆的可用系数（%）。

6）秸秆发电厂当月的处理数量要等于发电厂当月的秸秆需求量。

$$\mathrm{xpp}_{jm}-\rho\cdot Q=0,\quad \forall j,m \tag{5-22}$$

式中，ρ 为每个月发电厂工作的天数；Q 为每天发电厂的生物质燃料需求量（t/d）。

7）秸秆发电厂每个月的最小库存要求。

$$\mathrm{xss}_{jm}-\mathrm{MIN}\geqslant 0,\quad \forall j,m \tag{5-23}$$

式中，MIN 为发电厂的最小库存数量（t）。

8）发电厂每个月的最大库存要求。

$$\mathrm{xss}_{jm}-\mathrm{MAX}\leqslant 0,\quad \forall j,m \tag{5-24}$$

式中，MAX 为电厂的最大库存数量（t）。

9）在所有的约束条件中，要求所有的变量都大于等于零。

$$x_{im},\mathrm{xt}_{ijm},\mathrm{xs}_{im},\mathrm{xss}_{jm},\mathrm{xpp}_{jm}\geqslant 0 \tag{5-25}$$

5.6 实 例 分 析

以位于黑龙江省望奎县的国能望奎生物发电有限公司（图 5-2）为研究对象，调查周边生物质燃料（如大豆秸秆、玉米秸秆）的资源分布情况，并计算秸秆燃料的最优供应成本。国能望奎生物发电有限公司成立于 2006 年，是国家电网公司下属的国能生物发电集团有限公司的子公司。望奎生物发电工程是黑龙江省第一

图 5-2　国能望奎生物发电有限公司

家经过核准的生物发电项目，也是东北地区第一家生物质发电项目，主要从事生物质能发电厂的投资、运营，主要利用当地丰富的玉米秸秆进行直燃发电，是一家以生物质为燃料的专业环保型发电公司，所装机组为引进丹麦技术的高温高压振动130t炉排锅炉配30MW发电供热机组。该公司位于黑龙江省望奎县工业开发区内，地理位置优越。该工程项目占地172亩。

5.6.1 国能望奎生物发电有限公司周围秸秆资源分布

国能望奎生物发电有限公司位于黑龙江省绥化市望奎县城西工业园区内，距县城中心约5km。地理坐标为北纬46° 49′，东经126° 29′。厂区西侧紧靠望奎糖厂，东侧紧邻石油化工厂，南侧紧邻绥望二级公路。

望奎县秸秆资源十分丰富。全县辖区面积约为348万亩，其中耕地面积为235.9万亩，林地、牧草地面积为57.2万亩，居民点及工矿用地面积为19.3万亩，交通、水利用地面积为3.6万亩，未利用土地面积为32.5万亩。

2017年，全县玉米、大豆、水稻种植面积分别为167万亩、23万亩和30万亩，年产量分别为87.68万t、3.8万t和18万t。经统计，全县共有可燃秸秆130万t以上；主要为玉米和水稻秸秆，其中玉米秸秆109.59万t，水稻秸秆16.2万t（表5-3）。另外，还有一部分可燃秸秆为大豆秸秆。丰年与歉年秸秆产量差异不明显。

表5-3 望奎县主要秸秆资源分布

名称	种植面积/万亩	平均亩产/kg	总产量/万t	秸秆平均亩产/kg	总产量/万t
玉米	167	525	87.68	656.25	109.59
大豆	23	165	3.8	264	6.07
水稻	30	600	18	540	16.2
合计	220	—	109.48	—	131.86

望奎县周边的青冈、兰西、北林、海伦等县也是玉米主产区。望奎、青冈、兰西、北林、海伦5个市县总共覆盖行政村340个、人口为104.55万、耕地面积达900多万亩。2017年，望奎县及周边地区玉米、大豆、水稻种植面积分别为552万亩、236万亩和124万亩，玉米、大豆、水稻秸秆的总产量分别为362.25万t、62.30万t和66.96万t（表5-4）。丰年与歉年秸秆产量差异不明显。

表5-4 望奎县及周边地区主要秸秆资源分布

名称	种植面积/万亩	平均亩产/kg	总产量/万t	秸秆平均亩产/kg	秸秆总产量/万t
玉米	552	525	289.80	656.25	362.25
大豆	236	165	38.94	264	62.30
水稻	124	600	74.4	540	66.96
合计	912	—	403.14	—	491.51

5.6.2 国能望奎生物发电有限公司的宏观环境与微观环境分析

宏观环境主要是指对企业活动造成市场机会和环境威胁的主要社会力量，主要包括政治环境、经济环境、社会环境、技术环境。本章采用 PEST（politics-economy-society-technology，政治-经济-社会-技术）分析方法对国能望奎生物发电有限公司所处的宏观环境进行了分析。

1．宏观环境分析

（1）政治环境

生物质发电是一个新兴产业，是一项利国利民的伟大事业，已经引起世界各国的普遍关注。它对于增加农民收入、改善生态环境和实现能源的可持续开发都具有十分重要的意义，已经被我国列为国家能源发展的优先领域，纳入《可再生能源中长期发展规划》。此外国家还出台了一系列的支持和优惠政策。

加强可再生能源开发利用，是应对日益严重的能源和环境问题的必由之路，也是人类社会持续发展的必由之路。《中华人民共和国国民经济和社会发展第十一个五年规划纲要》中明确指出要"加快开发生物质能，支持发展秸秆、垃圾焚烧和垃圾填埋发电，建设一批秸秆和林木质电站，扩大生物质固体成型燃料、燃料乙醇和生物柴油的生产能力。"《中共中央 国务院关于积极发展现代农业 扎实推进社会主义新农村建设的若干意见》提出：以生物能源、生物基产品和生物质原料为主要内容的生物质产业，是拓展农业功能、促进资源高效利用的朝阳产业。"启动农作物秸秆固化成型燃料试点项目""加快开发生物质能"已成为地方发展的新增长点，强劲有力的政府支持给生物质能开发行业带来了广阔的市场发展机遇。国家发展改革委在《可再生能源中长期发展规划》中提出，到 2020 年，使生物质固体成型燃料成为普遍使用的一种优质燃料。生物质固体成型燃料年利用量达到 5 000 万 t。

望奎县历届县委、县政府高度重视该项目，将此项目列为望奎县招商引资、改善民生各项惠民工程的重中之重。在项目计划、动工和投入运营的各个期间，都得到了黑龙江省发改委、绥化市政府、望奎县政府的大力支持。

（2）经济环境

1）利用生物质发电是解决能源短缺的途径之一。我国是一个资源大国，其中煤探明储量居世界第三位。在 2016 年 9 月 22 日国土资源部发布的《中国矿产资源报告》中显示，我国煤炭探明储量为 15 663.1 亿 t，仅次于美国和俄罗斯。2016 年，我国石油新增探明地质储量 10 年来首次降至 10 亿 t 以下，天然气连续 14 年超过 5 000 亿 m^3。相比之下，我国人均能源资源占有量却很低。随着我国经济的迅速发展，对能源的需求量也将日益增加，到 2017 年年底，我国发电装机容量达到 17.8 亿 kW，其中火电达到 11.1 亿 kW。2012 年，我国已探明的煤炭可开采量为 1 487.97 亿 t，按照每年 40 亿 t 的产能估算，仅可采 35 年左右，前景不容乐观。由于一次能源紧缺，各国都在研究可再生能源的利用，如太阳能、风能、垃圾废料、生物秸秆等。根据秸秆的热值可知，每 2t 秸秆相当于 1t 标准煤，我国可开发的生物质资源总量近期约为 3.5 亿 t 标准煤，远期可达到 10 亿 t 标准煤，可以在一定程度上缓解我国的能源短缺问题。因此，利用生物质（秸秆）发电是当下的迫切需要。

2）生物质发电可以减少大气污染。根据计算，全国每年燃烧大量煤，SO_2 对大气污染已到上限，大气环境已经到了不可承受的地步。SO_2 污染产生的酸雨已侵蚀 30%的国土。利用生物质燃料燃烧发电可以大量减少 SO_2 的排放，秸秆中 S 的含量仅为 0.125%，相当于煤炭中 S 含量的 1/10。丹麦、芬兰等国家大量利用生物质能发电，基本上取代煤炭燃烧。如果我国北方和西北 11 个省每个省建设 30 个 25MW 的秸秆发电站，装机容量可达 8 000MW，相当于 2020 年规划装机容量的 1%，就可以每年减少 SO_2 排放 20 万 t[21]。利用秸秆发电既可以减少燃煤发电厂排放 SO_2、NO 对大气的污染，减少煤灰、粉尘的排放，又可以在一定程度上保障交通安全。

3）生物质能发电可增加农民收入。我国主要农作物秸秆年产量约为 7 亿 t，还田造肥、家庭燃灶消耗的约占 35%，剩余的大部分秸秆没有被利用。若以 150 元/t 的价格进行收购，农民可增加收入 680 多亿元，这对于提高农民生活水平大有好处。以河南省为例，河南每年有 4 000 万 t 秸秆未被利用。如果将这些秸秆用来发电，节省下来的燃煤量相当于一个国有大煤矿的年产量，同时农民收入还将增加 60 亿元。

（3）社会环境

党的十九大报告中有关“加快生态文明体制改革，建设美丽中国”的论述阐述了以下四个方面内容：推进绿色发展；着力解决突出环境问题；加大生态系统保护力度；改革生态环境监管体制。

循环经济模式（图 5-3）要求经济社会发展遵循生态经济学规律，合理利用自然资源和环境容量，在物质不断循环利用的基础上发展经济，使经济系统被和谐地纳入自然生态系统的物质循环过程中，实现经济活动的生态化。循环经济的本质是一种生态经济，遵循生态经济学规律。

生态经济是指在生态系统承载能力的范围内，运用生态经济学原理和系统工程方法来改变生产和消费的方式，挖掘一切可以利用的资源潜力，发展一些经济发达、生态高效的产业，建设体制合理、社会和谐的文化及生态健康、景观适宜的环境。

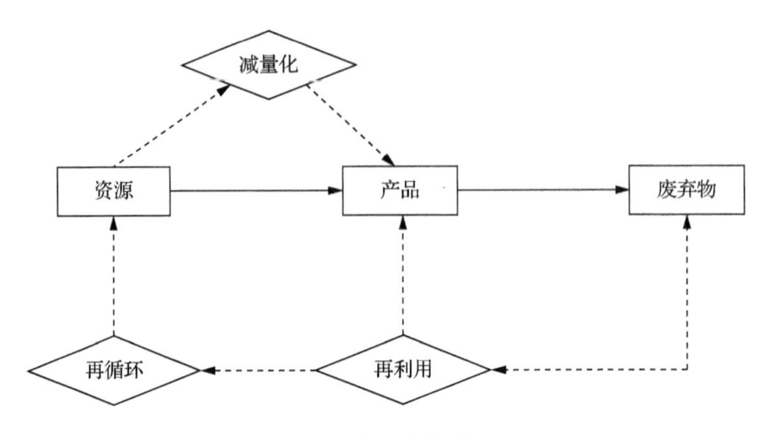

图 5-3　循环经济模式

生物质能源具有可再生性，这使生物质能源的开发和使用符合循环经济提出的“资源—产品—再生资源”的闭环反馈式循环模式。其低污染和无 CO_2 净排放的特点吻合了循环经济“低消耗、高利用、低排放”的基本特点。生物质能源作为可再生能源，可以解决人类对化石能源的依赖问题，使能源资源得以补偿，优化能源产业的结构，实现人类和自然的可持续发展。由于生物质燃烧过程中产生的有害物质较少且不会增加 CO_2 的净排放，使用过程中可减少废弃物的产生，在实现减量化的同时，实现清洁生产。从循环经济的角度来看，开发生物质能源的本质是对自然界中的有机废弃物进行资源化的过程，实现“变废为宝”。生物质能源以生物质作为原料，从生态环境中来，燃烧后的产物又回到生态环境中去，形成一个物质和能量的循环，符合生态经济学的基本规律。

（4）技术环境

国外生物质发电技术开发从 20 世纪 70 年代末期开始，现在已经成熟。目前，直接燃烧秸秆的先进设备已投放市场，生物质供热、发电或热电联供已成为现实。丹麦 BWE 公司所研发生产的秸秆焚烧发电机组已在丹麦、西班牙、瑞典、德国等国家投产并运行多年。目前，美国有 350 多座生物质发电站，装机容量达 7 000MW，提供了大约 66 000 个工作岗位。北京龙基电力有限公司是 BWE 公司在中国电力领域的项目发展公司和窗口公司，主要负责关于 BWE 公司秸秆发电技术的引进、消化和吸收，目前该公司已将 BWE 公司秸秆发电技术成功引进到山东国能单县生物发电有限公司。

国能望奎生物发电有限公司采取与北京龙基电力有限公司合作的方式，将这一先进、成熟的技术引入国能望奎生物质发电项目中。

2. 微观环境分析

微观环境分析也可称为内部条件分析，包括具体环境分析和自身环境分析两个方面。SWOT 分析方法[其中，S 代表 Strength（优势），W 代表 Weakness（弱势），O 代表 Opportunity（机会），T 代表 Threat（威胁）]是一种企业战略分析方法，即根据企业自身的既定内在条件进行分析，找出企业的优势、劣势及核心竞争力。其中，S、W 是内部因素，O、T 是外部因素。

（1）优势

1）国能望奎生物发电有限公司的经营战略及发展定位非常明确。在立项之初，该公司就确定了未来发展的战略目标，即大力推进生物质等清洁能源的开发和应用，在经济得到大发展的同时，兼顾环境与生态的保护与平衡。国能望奎生物发电有限公司积极抓住国内生物质行业高速发展的市场机会，迅速做大做强，在追求规模扩张的同时，兼顾盈利能力和抗风险能力的同步增长。同时，该公司始终注重核心竞争力的建设，力求获得持续、健康的成长，为市域、县域经济的能源结构转型升级奠定扎实的基础。

2）生物质燃料原料资源丰富。公司坐落的望奎县是黑龙江省的农业大县，耕地面积广阔，大豆、玉米、水稻等既是可以提供大量生物质燃料（秸秆）的作物又是望奎县的主要经济作物，因此当地的秸秆资源十分丰富。一方面，人们对于作物完成收割后剩余秸秆的利用价值的认识不够，在望奎县粮食主产区，对秸秆的普遍处理是燃烧还土，没有其他的对秸秆的回收利用方法；另一方面，国能望奎生物发电有限公司是当地唯一一家生物质发电公司，因此，在对原料秸秆的资源占有上，几乎没有竞争对手。

3）技术先进、方案合理、节能环保。国能望奎生物发电有限公司采用国际领先的生物质发电技术，装机为 130t 炉排锅炉配 30MW 发电供热机组，安全可靠，经济环保。

（2）劣势

1）规划方法和规划手段较原始。因为生物质开发利用行业是一个新兴的朝阳行业，各国都在摸索中前行，所以国能望奎生物发电有限公司现有的规划方法和规划手段相对比较原始，更多依靠规划人员的经验及对运营方面的熟悉程度来做出决策决定。与其他成熟的行业相比，生物质开发利用行业缺乏系统的指导，往往各自为战，每一次的规划调整耗时较长，难以适应外部资源及需求变化而做到规划和评价快速响应，整个工作缺乏一个有效的规划工具和评价工具来实现高效、科学的规划及评价。

2）生物质燃料供应系统落后。国能望奎生物质发电项目投入生产运营后，一些程序尚在摸索中发展，所以难免有些环节不尽合理。特别是与总成本关系密切的燃料物流供应系统环节，与现代企业对物流特别是原料物流的要求相悖，很难做到科学、合理、经济、高效，这也在一定程度上制约着企业的快速持续发展。

（3）机会

1）政府高度重视、国家政策大力扶持。发展生物质能源的开发利用，对我国能源结构的转型升级、能源经济的安全运行、生态环境的保护都具有重要而深远的意义，是一件功在当代、利在千秋的伟大事业。

2）竞争对手尚未形成。国能望奎生物质发电项目是世界首家以玉米秸秆为主要燃料的发电项目，是全国首家投入试生产的黄色秸秆直燃发电项目，是我国首个在东北地区实现并网发电的生物质发电项目。因此在一定区域范围内，该公司没有同类型的竞争对手，也没有可以与之争夺秸秆资源的项目企业。

（4）威胁

尽管国能望奎生物发电有限公司在其所在的一定地域范围内没有同类型的企业与之竞争，在秸秆资源的占有上占据绝对优势，但是随着生物质行业的蓬勃发展，国家对生物能源行业的大力扶持，越来越多地采用新技术、新方法的秸秆利用项目投入生产，对于秸秆资源的争夺也将愈来愈烈。同时，随着国家对生物能源的大力普及，人们对于秸秆价值的认识也与日俱增，因此秸秆价格上涨也将成为必然，而国能望奎生物发电有限公司的生物质燃料供应物流系统的不合理、不经济又会使价格上涨这一威胁因素在总成本上的体现扩大化。

通过上述对国能望奎生物发电有限公司的 SWOT 分析，可以得出以下结论：国能望奎生物发电有限公司应积极优化自己的生物质秸秆供应网络，通过对秸秆供应系统的优化，有效地利用国家的政策环境和现有的资源，抓住机遇，避免自身劣势，在与竞争者的竞争中占有领先优势，奠定在区域市场内的领先地位。

5.6.3　国能望奎生物发电有限公司生物质秸秆需求状况

黑龙江省国能望奎生物发电有限公司 2016 年发电消耗农作物秸秆量约为 30 万 t，每天消耗农作物秸秆量约为 800t；发电厂库存秸秆量达 16 万 t，自然消耗率为 0.8%，年发电量为 2.14 亿 kW·h。该发电厂使用的秸秆燃料是以发电厂为中心的 30km 半径内的农作物秸秆资源。以发电厂为中心的 30km 半径内，玉米秸秆量、水稻秸秆量和大豆秸秆量分别为 112.78 万 t、11.37 万 t 和 4.16 万 t，可以满足发电厂的燃料需求。

5.6.4　国能望奎生物发电有限公司生产数据

依据对黑龙江省国能望奎生物发电有限公司的实际调研结果，其根据自身需要，租用了 6 个收储站，每个收储站占地面积约为 2.5 万 m^2，收储站名称和距国能望奎生物发电有限公司的距离分别为先锋（7km）、火箭（9km）、灯塔（20km）、东郊（12km）、后三（18km）、通江（25km）。生物质发电厂最小的库存数量应满足发电厂 1 个月的农作物秸秆使用量，最大的库存则不能多于 6 个月的农作物秸秆使用量。图 5-4 为生物质能源“收集—储存—运输”模型。

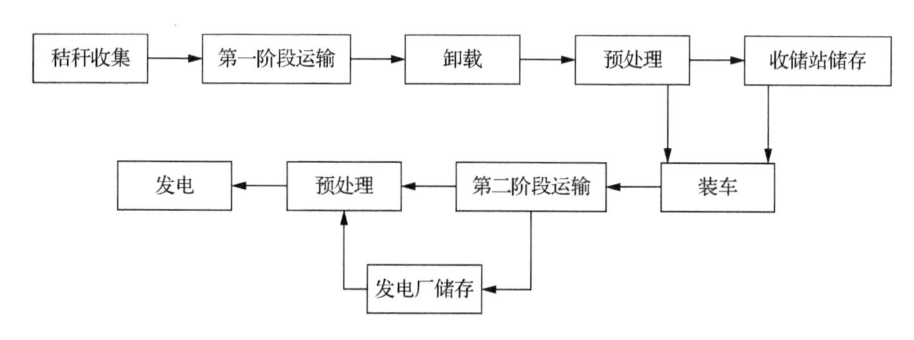

图 5-4　生物质能源“收集—储存—运输”模型

考虑到当地农作物秸秆燃烧需要、运输条件等限制因素，发电厂估计当地的生物质燃料可利用系数约为 50%，当地农作物秸秆收集价格约为 100 元/t，预处理成本约为 30 元/t。由于秸秆资源并不是全年都有，按照调研数据，一年中大约有 8 个月是工作月份，假定每个月为 30d，每天工作时长为 8h，那么有效工作小时数就为 8×30×8=1 920（h）。通过考察当地实际情况，本章收集和整理了模型中所用的参数及其具体数值（表 5-5）。

表 5-5　发电厂实际数据

参数	含义	实际数值
d_{ij}	供应地 i 到目的地 j 的距离/km	
kpl	每升柴油可供运行的距离/（km/L）	10km/L
fpl	柴油价格/（元/L）	7.5 元/L
dwh	人工费用/（元/h）	7.5 元/h
kph	运输车辆的运行速度/（km/h）	80km/h
n	车辆使用年限/年	10 年
smh	每年车辆规定使用时间/h	1 920h
ut	车辆利用率/%	85%
P	每台运载车辆购买价格/元	95 000 元
S	每台车辆报废后的残值/元	0 元
mr	平均每辆车的维修、维护率/%	90%

将实际数据代入单位质量的秸秆运输成本公式中，根据不同的运输距离就可计算单位质量的秸秆运输成本。

5.6.5　模型求解

1. 求解软件 GAMS

GAMS 为 general algebraic modeling systems 的缩写，是一个数学规划和优化高层次的建模系统。它是由一种语言的编译器和一个集成的高性能求解方法组成的。GAMS 是一种复杂的，可以很快适应新形势的大规模建模应用程序，并且允许用户建立大型的维护模式。通过简单的操作模式，GAMS 排除了许多技术性问题，让用户能专心于模块的建立。其语言编辑器近似于其他常用的程序语言，让更多的使用者受惠。在使用过程中，运算数据可以经由常用的表格加载，清晰的模块架构让用户可以随时重复利用之前撰写的模块，进行代数符号的修改。GAMS 亦可以对包含时间序列的动态模块进行运算。

GAMS 支持的模型类型相当广泛，包括线性规划（linear programming，LP）、混合整数规划（mixed integer programming，MIP）及非线性规划（nonlinear programming，NLP）等。

本章所建立的数学模型属于线性规划问题，因此可以用该软件进行求解。

2. GAMS 模型代码

将本章基于集中型收储运模式构建的生物质秸秆到厂成本数学优化模型转化为相应的 GAMS 模型代码，如下所示。代码中“*”后面的代码为解释说明之用，不会执行，代码不区分大小写。

```
$ontext
This program is used to determine the delivered cost of agricultural straw biomass for the project of Wangkui in Heilongjiang Province.
$offtext
$OFFSYMLIST OFFSYMXREF
OPTION LIMCOL = 0;
OPTION LIMROW = 0;
OPTION SOLSLACK = 1;
OPTION ITERLIM=5000000;
OPTION RESLIM=1000000;
Sets
   I Biomass supply locations
   /Xianfeng, Huojian, Dengta, Dongjiao, Housan, Tongjiang/

   J Biomass-based power plant locations
   /Wangkui/

   M Months of the production year
   /Jan, Feb, Mar, Apr, May, Jun, Jul, Aug, Sep, Oct, Nov, Dec/

Parameter Biomassavai(I) Biomass inventory at source i in tons (wet)
```

```
        /Xianfeng        250000
        Huojian          220000
        Dengta           200000
        Dongjiao         190000
        Housan           170000
        Tongjiang        180000/;

    Table Dis(I,J) Distance between supply and demand locations in km
                        Wangkui
        Xianfeng          7
        Huojian           9
        Dengta            20
        Dongjiao          12
        Housan            18
        Tongjiang         25;
    Scalar  BP  Proportion of biomass that are available for power
     generation /0.5/;
    Scalar wc   Biomass moisture content /0.25/;
    Parameter LMT(M)    Extracted proportion as a percentage of the
     whole year
        /Jan            0.95
        Feb             0.95
        Mar             0.9
        Apr             0.8
        May             0.8
        Jun             0.2
        Jul             0.1
        Aug             0.0
        Sep             0.0
        Oct             0.0
        Nov             0.85
        Dec             0.85  /;

* Proportion of available agricultural straw biomass on site

    Scalar UPS         Usable proportion of biomass at supply locations
     /0.995/;
    Scalar UPP         Usable proportion of biomass at plants /0.999/;
    Scalar Stumpage  Stumpage cost of biomass in yuan per ton /100/;
```

```
*Assuming the hourly cost of a packaging machine is 53.36 yuan and the
*productivity is around 1.6-2 t. We used the value of 1.8t in the case.
*Therefore, the cost per ton in the base case is about 30 yuan.
        Scalar db        Cutting and packaging cost at source i in yuan
         per ton /30/;
        Scalar SC        Storage cost for biomass in the storage site in
         yuan per ton /2/;

*The transportation cost related assumptions are determined after
*consulting with local suppliers in Wangkui.

        Scalar P         Truck purchased cost in yuan /95000/;
        Scalar S         Truck salvage value as a percentage of purchased
         cost /0/ ;
        Scalar kpl       Truck km per liter on roads /10/;
        Scalar kph       km per hour on roads /80/;
        Scalar fpl       Fuel price in yuan per liter /7.5/;
        Scalar dwh       Driver's wage per hour including benefits /7.5/;
        Scalar N         Economic life of trucks /10/;
        Scalar smh       Scheduled machine hours per year /1920/;
        Scalar iitr      Interest insurance and tax rate /0.50/;
        Scalar mr        Maintenance and repair rate as a percentage of
         depreciation /0.9/;
        Scalar ut        Utilization rate of trucks /0.8/;
        Parameter TC(I,J)    Transportation rate from location i to
         location j;
        TC(I,J)=2*Dis(I,J)*(fpl/kpl + dwh/kph + ((P-P*S)*(1+mr) + iitr*
                  ((P-P*S)* (N+1)/2+N*P*S))/N /smh /ut /kph) ;

        Display TC;

        Scalar W Truck load in tons using 7.2-m Dongfeng truck /13.5/;

        Parameter TLT(I,J)  Trucking cost in yuan per ton ;
               TLT(I,J)= TC(I,J)/W;

        Display TLT;
        Scalar TLoss     Dry matter loss due to transportation /0.03/;
        Parameter Day(M) Working days per month
```

```
          /Jan    31
          Feb     28
          Mar     31
          Apr     30
          May     31
          Jun     30
          Jul     31
          Aug     31
          Sep     30
          Oct     31
          Nov     30
          Dec     31/;
    Scalar Capacity Daily feedstock needed for operation in tons /850/;

    Parameter Min_inventory  Minimum storage at the plant in tons;
          Min_inventory=30*Capacity;

    Parameter Max_inventory  Maximum storage at the plant in tons;
          Max_inventory=90 * capacity;
*Define Variables
    Variables
    Obj           Objective
    x(I,M)        Quantity of biomass purchased at source i in month m
    xt(I,J,M)     Quantity of biomass transported from i to j in
                  month m
    xs(I,M)       Quantity of biomass stored at source i in month m
    xss(J,M)      Quantity of biomass stored at plant j in month m
    xpp(J,M)      Quantity of biomass processed at plant j in month m
    Positive Variables  x, xt, xs, xss, xpp;

*Define Equations
    Equations
    Objective             Objective function
    Bioavi(I)             Biomass available at source i
    Ext_limt(I,M)         Extraction limit of biomass at source i in
                          month m
    Storage1(I,M)         Biomass supply balance at source i in month m
    Storage2(I)           Biomass supply balance at source i
    PlantBalance(J,M)     Biomass balance at plant
```

```
Production(J,M)        Biomass required per month at plant j
Plant_Storage1(J,M)    The minimum biomass storage per month at
                       plant j
Plant_Storage2(J,M)    The maximum biomass storage per month at
                       plant j;


Objective..
Obj=E=sum((I,M),((Stumpage+db)*x(I,M)+sc*xs(I,M)))+
sum((I,J,M), ((8+TLT(I,J))*xt(I,J,M)))
+sum((J,M),sc*xss (J,M));

Bioavi(I)..
sum(M,x(I,M))-BP*biomassavai(I) =L=0;

Ext_limt(I,M)..
x(I,M) - LMT(M)*BP*biomassavai(I) =L=0;

Storage1(I,M)..
x(I,M)+ UPS*xs(I,M-1)-sum(J,xt(I,J,M))- xs(I,M) =E=0;

Storage2(I)..
sum(M,x(I,M))-sum((J,M),xt(I,J,M))-(1-UPS)*sum(M,xs(I,M))
=E=0;

PlantBalance(J,M)..
sum(I,xt(I,J,M))*(1-Tloss)*(1-wc)+UPP*xss(J,M-1)
-xss(J,M)-xpp(J,M)=E=0;

Production(J,M)..
  xpp(J,M) - Day(M) * Capacity =G=0;

Plant_Storage1(J,M)..
  xss(j,m) - Min_inventory =G=0;

Plant_Storage2(J,M)..
  xss(J,M) - Max_inventory =L=0;
```

```
        Model Bioplant /all/;
        Solve Bioplant min obj using lp;
        Option solprint=off;
*Results Analysis

        Parameter totalQ total amount of biomass processed per year;
        totalQ= sum((J,M),xpp.l(J,M));
        Display totalQ;

        Parameter AC Average cost of biomass delivered to the power plant;
        AC=obj.l/sum((J,M),xpp.l(J,M))    ;
        Display AC;

        Parameters avg_dis;
        avg_dis=Sum((I,J,M),Dis(I,J)* xt.l(I,J,M)) /SUM((I,J,M),
          xt.l(I, J,M));
         Display avg_dis;
```

3. 基本模型解

将国能望奎生物发电有限公司实际数据代入优化模型，并在 GAMS 环境下运行该模型，得到最优的到厂运输成本为 212.37 元/t，燃料平均运输距离为 12.15km。值得注意的是，在运输过程中，如果不采用国能望奎生物发电有限公司自有车辆来运输生物质燃料，就必须考虑第三方承运人的预期利润。根据国能望奎生物发电有限公司实践经验，这一利润预期在 50 元/t 左右。因此，如果考虑这一利润，生物质燃料的到厂成本约为 262 元/t，这个结果要比国能望奎生物发电有限公司实际收购价格 275 元/t 减少 13 元/t。

4. 敏感性分析

因为秸秆供应成本优化模型中的许多参数会受到外界因素的影响，所以，本节对不同条件下的秸秆供应成本进行了敏感性分析，以进一步增加优化结果的可靠性。

（1）秸秆资源可利用系数

农作物秸秆的利用途径有很多种，包括秸秆直接还田、饲料化利用、制作食用菌基料、生成沼气等。在本章的案例中，秸秆资源的可利用系数对秸秆平均供应成本的影响不大（图 5-5）。如图 5-5 所示，秸秆平均供应成本随着秸秆可利用系数的增加而降低，但是降低的幅度逐渐减小。例如，当秸秆可利用系数从 40%

增加到 45%时，秸秆平均供应成本将降低 0.42 元/t。而当秸秆可利用系数从 45%增加到 50%时，秸秆平均供应成本将降低 0.36 元/t。需要注意的是，当秸秆可利用系数降低到一定程度时，生物质秸秆的供应将不能满足秸秆发电厂的日常生产需求，因此，为了保证稳定的秸秆资源供应，对于秸秆市场需求的调研就显得十分有必要。

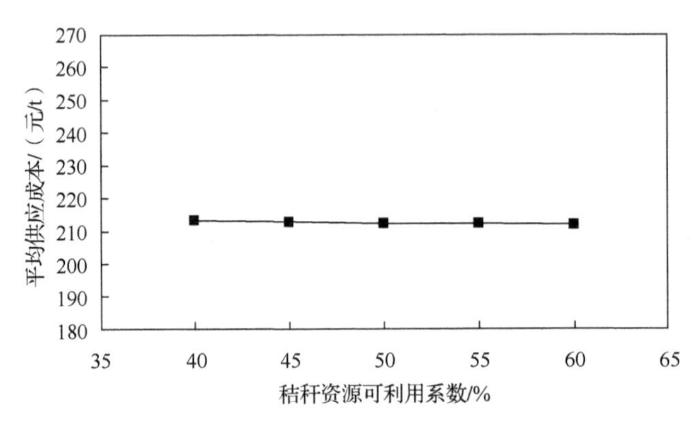

图 5-5　秸秆平均供应成本与秸秆资源可利用系数的关系

（2）秸秆预处理费用

在集中型收储运模式下，从农户或者秸秆经纪人收购的散装秸秆需要采取压缩处理，即对秸秆进行打包处理，以增加运载车辆的运量，提高运输环节的经济性。秸秆收购站主要是对散装的秸秆打方捆。如图 5-6 所示，秸秆平均供应成本随秸秆预处理费用的增加呈线性增加。在基本模型中，秸秆收购站的预处理费用为 30 元/t。在实际的生产中，采用不同的打包机械或者人工打包方式，都会影响预处理费用的变化。本章分析了预处理费用变化 ±10% 、±20% 的情况。可以看出，秸秆预处理费用每增加 10%，秸秆平均供应成本将增加 4.47 元/t。

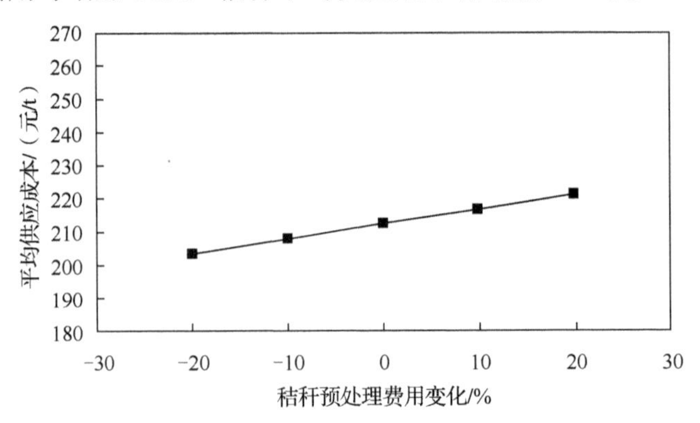

图 5-6　秸秆平均供应成本与秸秆预处理费用的关系

（3）秸秆收购价格

秸秆收购价格会受多种因素的影响，如秸秆市场的供需关系、秸秆的来源（农户/秸秆经纪人）、农作物产量的丰年与歉年、秸秆收购网络的健全程度、政府的引导和扶持政策等。如图 5-7 所示，秸秆平均供应成本受秸秆收购价格变化的影响较大。随着收购价格的增加，秸秆平均供应成本呈线性增加。在基本模型中，秸秆资源的收购价格为 100 元/t。本章分析了秸秆收购价格在±10%、±20%之间变化的情况。可以看出，秸秆收购价格每增加 10%，秸秆供应成本将增加 14.90 元/t。因此，有效地降低秸秆采购成本对于降低总成本具有十分重要的意义。

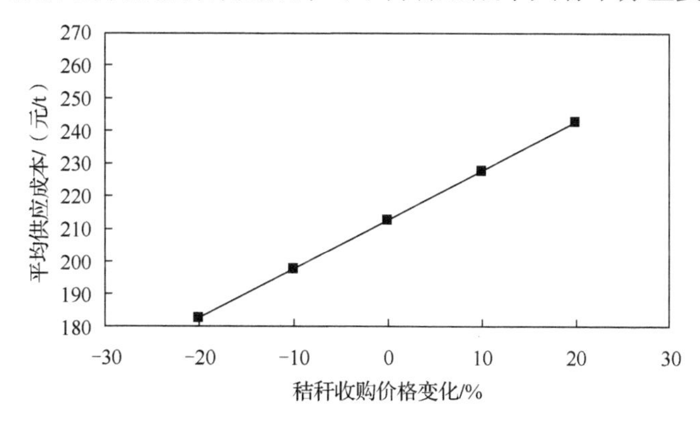

图 5-7 秸秆平均供应成本与秸秆收购价格变化的关系

（4）柴油价格

在整个生物质秸秆的收集过程中，收集机械、打包机械和运输车辆等都要用到柴油。所以，柴油价格的变化，必然会引起秸秆平均供应成本的变化。而柴油价格受到国际原油产量、国际油价及国家能源政策的影响，其价格变化也较为频繁。在基本模型中，柴油的价格设为 7.5 元/L。本章分析了每升柴油价格在 6.0～8.0 元变化的情况下，对秸秆平均供应成本的影响，如图 5-8 所示。可以看出，秸秆平均供应成本受柴油价格变化的影响较大。每升柴油价格上升 0.5 元，秸秆平均供应成本将增加 9.08 元。

（5）秸秆含水率

秸秆含水率直接影响了秸秆的燃料热值。自然干燥是一种常用的生物质燃料干燥方式，即将农作物秸秆通过自然风干、太阳光的照射等方式去除其中水分，有效保证秸秆的含水率在 10%～15%。含水率较高的秸秆往往会耗费更多的运输费用。由图 5-9 可知，随着秸秆含水率的增加，秸秆平均供应成本呈曲线上升。在基本模型中，秸秆含水率为 25%，此时的秸秆供应成本为 212.37 元/t。而当秸秆含水率增加 5%，秸秆供应成本将增加 13.25 元/t。如果通过自然干燥的方式使秸秆含水率降低到 15%，那么平均成本将下降约 25 元/t，对生物质秸秆到厂成本产生很大的影响。因此，为了提高收购秸秆的质量，降低秸秆运输成本，秸秆收购站需要对秸秆进行充分晾晒，使含水率尽量降低，达到 15%以下。

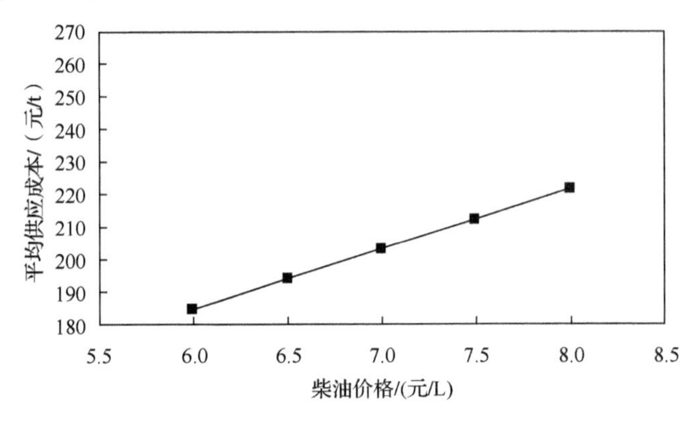

图 5-8　秸秆平均供应成本与柴油价格的关系

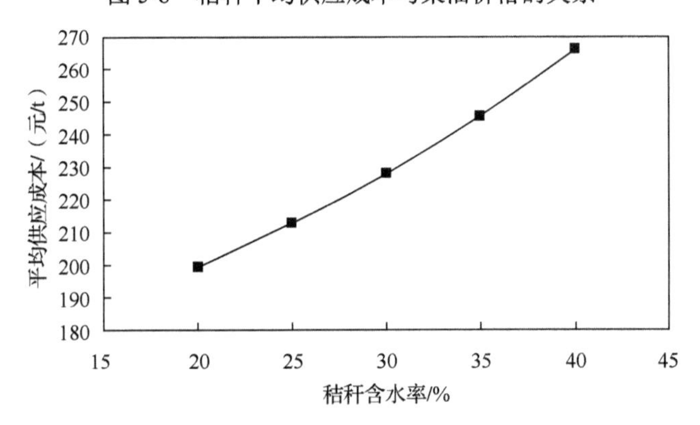

图 5-9　秸秆平均供应成本与秸秆含水率的关系

5.6.6　结果汇总

在此项研究中，基于集中型收储运模式构建了一个生物质秸秆到厂成本的优化模型，模拟了生物质秸秆资源从秸秆收购站到秸秆发电厂的整个供应链的过程，并且应用于黑龙江省望奎生物质发电有限公司。研究结果表明：在没有考虑第三方物流运输企业的情况下，生物质秸秆资源最优供应成本为 212.37 元/t，秸秆的平均运输距离为 12.15km。通过进一步的敏感性分析发现，秸秆预处理费用、秸秆收购价格、柴油价格和秸秆含水率均对秸秆的平均供应成本有较大影响。因此，建议该生物质秸秆发电厂有效地控制燃料收购价格，提高秸秆生物质的处理效率，将秸秆含水率控制在一个较低的水平，以实现降低燃料供应成本、提高企业利润的最终目的。另外，虽然秸秆资源的可利用系数对秸秆的平均供应成本影响不大，但是当该利用系数降低到一定程度时，将对秸秆资源的稳定供应产生不良影响，因此，需要定期对秸秆市场需求进行调研，建议秸秆发电厂在农作物收割之后，尽早通过秸秆收购站对秸秆进行收购和预处理，以保证秸秆发电厂的原料供应。

参 考 文 献

[1] 何琼．中国能源安全问题探讨及对策研究[J]．中国安全科学学报，2009，19（6）：52-57.

[2] 吴金卓，马琳，林文树．生物质发电技术和经济性研究综述[J]．森林工程，2012，28（5）：102-106.

[3] 沈明忠，王新雷．我国生物质发电的发展环境分析[J]．能源技术经济，2011，23（1）：41-45.

[4] 赵振宇，闫红，令文君．我国生物质发电产业 SWOT 分析[J]．可再生能源，2012（1）：127-132.

[5] 中国行业研究网．生物质能源发电产业发展的现状分析[EB/OL].（2011-11-17）[2018-03-14]. http://www.chinairn.com/news/ 20111117/751201.html,2011.

[6] 胡越．生物质能秸秆发电：可再生能源的开发与利用[J]．科技传播，2010（24）：196-198.

[7] 田宜水．生物质发电[M]．北京：化学工业出版社，2010.

[8] 傅友红，樊峰鸣，傅玉清．我国秸秆发电的影响因素及对策[J]．沈阳工程学院学报，2007（3）：68-72.

[9] 张艳丽，王飞，赵立欣，等．我国秸秆收储运系统的运营模式、存在问题及发展对策[J]．可再生能源，2009（1）：1-5.

[10] THORSELL S, EPPLIN F M, HUHNKE R L, et al. Economics of a coordinated biorefinery feedstock harvest system : lignocellulosic biomass harvest cost[J]. Biomass and bioenergy, 2004, 27(4)：327-337.

[11] SANTISIRISOMBOON J, LIMMEECHOKCHAI B, CHUNGPAIBULPATANA S. Least cost electricity generation options based on environmental impact abatement[J]. Environmental science and policy, 2003, 6(6):533-541.

[12] CAPUTO A C, PALUMBO M, PELAGAGGE P M, et a1. Economics of biomass energy utilization in combustion and gasification plants: effects of logistic variables[J]. Biomass and bioenergy, 2005, 28(1):35-51.

[13] YU Y, BATTLE J, LI C, et al. Mallee biomass as a key bioenergy source in Western Australia: importance of biomass supply chain[J]. Energy and fuels, 2009, 23(3):2523-2526.

[14] 刘华财，阴秀丽，吴创之．秸秆供应成本分析研究[J]．农业机械学报，2011，42（1）：106-112.

[15] 王爱军，张燕，张小桃．生物质发电燃料成本分析[J]．农业工程学报，2011，27（S1）：17-20.

[16] 邢爱华，刘罡，魏飞，等．生物质资源收集过程成本、能耗及环境影响分析[J]．过程工程学报，2008，8（2）：305-313.

[17] 杨树华，雷廷宙，何晓峰，等．生物质致密冷成型原料最佳收集半径的研究[J]．农业工程学报，2006，22（S1）：132-134.

[18] 田宜水，孟海波，孙丽英，等．秸秆能源化技术与工程[M]．北京：人民邮电出版社，2010.

[19] 于兴军，王黎明，王锋德，等．我国东北地区玉米秸秆收储运技术模式研究[J]．农机化研究，2013（5）：24-28.

[20] 王敏玲，钟荣珍，周道玮．玉米适宜收获期及秸秆饲料利用方式的研究[J]．干旱地区农业研究，2012，30（3）：18-24.

[21] 江得厚，姚伯兴．发展生物质发电的必要性及存在的问题[J]．发电设备，2008（2）：152-155，184.

第6章　秸秆发电厂经济可行性评价

为了探究秸秆发电项目的真实经济效益，需要采用财务评价的技术手段对秸秆发电项目进行研究，判断秸秆发电项目投资在经济上的可行性，评价结果可以为发电厂投资秸秆发电项目决策提供科学依据，也可为国家相关部门制定行业发展政策提供参考[1]。本章将在 GAMS 平台上构建一个数学优化模型来评估秸秆生物质发电厂的经济可行性，并将该模型应用于黑龙江省有代表性的秸秆发电厂——国能望奎生物发电有限公司，通过敏感性分析进一步得出可靠的分析结果，为该发电厂的经营运行提供依据和参考。

6.1　秸秆发电厂经济可行性分析的意义

我国生物质能的研发虽然取得了很大的进步，但受开发技术、开发成本、市场分析及相关政策法律的影响，生物质能源产业的发展还是相当缓慢[2,3]。生物质能的研发和产业化已经被列入国家的能源中长期发展规划，作为缓解化石能源危机的有效手段。国家“十二五”规划的目标是我国生物质发电总装机容量达到 1 300 万 kW，集中供气达到 300 万户，成型燃料年利用量达到 2 000 万 t，燃料乙醇年利用量达到 300 万 t，生物柴油年利用量达到 150 万 t[4]。国家能源局 2016 年发布的《生物质能发展“十三五”规划》指出，全国可作为能源利用的农作物秸秆及农产品加工剩余物、林业剩余物和能源作物、生活垃圾与有机废弃物等生物质资源总量每年约 4.6 亿 t 标准煤。截至 2015 年，生物质能利用量约为 3 500 万 t 标准煤，其中商品化的生物质能利用量约为 1 800 万 t 标准煤；我国生物质发电总装机容量约为 1 030 万 kW；生物质成型燃料年利用量约为 800 万 t；燃料乙醇年产量约为 210 万 t；生物柴油年产量约为 80 万 t。因此，我国的生物质能产业迎来了更大的发展良机。作为可再生能源发电的一种，生物质发电是利用生物质所具有的生物质能进行发电，是国家产业政策鼓励发展的项目，并配套了电价、税收等相关扶持政策。生物质发电项目所产生的 CO_2 减排量，还有望通过清洁发展机制（clean development mechanism，CDM）获得补贴[5,6]。在低碳经济的大环境下，生物质发电的前景正在吸引大量的投资者。尽管近年来在国内政策的刺激下，我国投入并运行了许多生物质燃料发电厂，且有更多的生物质发电项目也即将上马，但由于不尽合理的生物质燃料供应的物流系统设计，大多数的生物质发电厂实际运营情况不尽如人意，以致有相当数量的发电厂停产甚至倒闭。生物质发电厂的运营受到多方面因素的影响，如能源价格、国家政策、资源可获得性、融资成本等。因此，针对具体的秸秆发电项目，有必要对其项目投资进行经济可行性评价。

6.2　项目经济可行性分析指标

投资项目经济可行性分析的常用指标包括投资回收期、内部收益率和贴现现金流。其判断标准为：预期未来投资收益是否大于当前投资支出，项目实施后是否能够在短期内收回全部投资。下面介绍几种项目可行性分析方法。

6.2.1　投资回收期

投资回收期是指从项目的投建之日起，用投资项目所得的净收益抵偿全部投资（固定资产投资和流动资金）所需要的时间，通常以年表示[7]。投资回收期是反映投资项目投资回收速度的重要指标，也是反映投资项目财务盈利能力、清偿能力及评价经济效益的一项重要指标。投资回收期可分为四种：静态投资回收期、动态投资回收期、静态追加投资回收期和动态追加投资回收期。一般地，在对单个项目或方案进行财务评价时，考虑资金的时间价值，主要采用静态投资回收期和动态投资回收期；在对多种互斥项目或方案进行评价时，考虑资金的时间价值，可以采用静态追加投资回收期和动态追加投资回收期。由于秸秆发电投资项目属于单个项目，因此，这里主要介绍静态投资回收期和动态投资回收期。

1. 静态投资回收期

静态投资回收期，是指在不考虑资金时间价值的条件下，以投资项目的净收益抵偿其全部投资所需要的时间。投资回收期可以自项目建设开始年算起，也可以自项目投产年开始算起。

静态投资回收期可根据现金流量表计算，其具体计算又分以下两种情况。

1）项目建成投产后各年的净收益（即净现金流量）均相同，则静态投资回收期 P_t 的计算公式为

$$P_t = K / A \tag{6-1}$$

式中，K 为全部投资；A 为各年的净收益。

2）项目建成投产后各年的净收益不相同，则静态投资回收期可根据累计净现金流量求得，也就是在现金流量表中累计净现金流量由负值转向正值之间的年份。其计算公式为

P_t=（累计净现金流量开始出现正值的年份数−1）

+上一年累计净现金流量的绝对值/出现正值年份的净现金流量　　（6-2）

静态投资回收期的评价准则是将计算出的静态投资回收期 P_t 与所确定的行业基准投资回收期 P_c 进行比较：若 $P_t \leqslant P_c$，表明项目投资能在规定的时间内收回，则此项目或方案可以考虑接受；若 $P_t > P_c$，则表示该项目或方案未满足行业项目投资盈利性和风险性的要求，是不可行的。

静态投资回收期指标的最大优点是意义明确、直观、计算简便，能在一定程度上反映投资效果的好坏，因此，得到广泛应用。但是，该指标也存在严重不足，即没有考虑资金的时间价值，容易造成错误评价。

2. 动态投资回收期

动态投资回收期是把投资项目各年的净现金流量按基准收益率折成现值之后，再来推算投资回收期。动态投资回收期就是净现金流量累计现值等于零时的年份。动态投资回收期是一个常用的经济评价指标，它弥补了静态投资回收期没有考虑资金的时间价值的缺点，使其更符合实际情况。

在实际应用中，动态投资回收期的计算根据项目的现金流量表，用下列近似公式计算：

P_t' =（累计净现金流量现值出现正值的年数-1）

+上一年累计净现金流量现值的绝对值/出现正值年份净现金流量的现值（6-3）

动态投资回收期的评价准则如下：若 $P_t' \leqslant P_c$（基准投资回收期）时，说明该投资项目或方案能在要求的时间内收回投资，是可行的；若 $P_t' > P_c$ 时，则该投资项目或方案是不可行的，应予拒绝。

综上所述，按静态分析计算出的投资回收期较短，决策者可能认为经济效果尚可以接受。但若考虑时间因素，用折现法计算出的动态投资回收期要比用传统方法计算出的静态投资回收期长，该方案未必能被接受。因此，建议采用动态投资回收期指标，虽然计算过程有些烦琐，但结果比较准确，不会造成错误评价。

6.2.2 内部收益率

内部收益率（internal rate of return，IRR），是项目投资决策的重要依据，它是指投资项目在整个计算期内各年净现金流量现值累计等于零时的折现率[8]。它反映的是项目所占用资金的盈利能力，是考查项目盈利能力的主要动态指标，其表达式为

$$\sum_{t=0}^{n}(\mathrm{CI}-\mathrm{CO})_t(1+\mathrm{IRR})^{-t}=0 \tag{6-4}$$

式中，IRR 为项目的内部收益率；$(\mathrm{CI}-\mathrm{CO})_t$ 为项目第 t 年的净现金流量；CI 为项目第 t 年的现金流入；CO 为项目第 t 年的现金流出；n 为项目的计算期，包括

项目的建设期和生产期。

内部收益率是一项投资渴望达到的报酬率，该指标越大越好。一般情况下，在内部收益率大于等于基准收益率时，该项目是可行的。内部收益率法的优点是能够把项目生命期内的收益与其投资总额联系起来，指出这个项目的收益率，便于将它同行业基准投资收益率进行对比，确定这个项目是否值得建设。

6.2.3 贴现现金流

贴现现金流（discounted cash flow，DCF），也称现金流量折现，它利用资金的时间价值，将一个企业或项目未来的费用和收益折现到现值点，以此来对企业或项目的价值进行评估。DCF 的具体方法包括净现值法、费用效益比较法等。下面重点介绍净现值（net present value，NPV）法。

净现值指标是投资方案动态评价重要的指标之一[9]。它不仅计算了资金时间价值，而且考察了投资项目在寿命期内的全部现金流入和现金流出。所谓净现值，是按照设定的基准折现率，将投资方案计算期内各个不同时点的净现金流量折现到计算期初的累计值。其计算公式如下：

$$\mathrm{NPV}=\sum_{t=0}^{n}(\mathrm{CI}-\mathrm{CO})_t(1+i_0)^{-t} \tag{6-5}$$

其中，NPV 为净现值；CI 为项目第 t 年的现金流入；CO 表示项目第 t 年的现金流出；n 表示项目的生命期；i_0 为项目评价采用的基准贴现率。

净现值法的评价准则：净现值为正值，表明投资方案是可以接受的；净现值是负值，则表明投资方案是不可接受的。净现值越大，投资方案越好。净现值法是一种比较科学也比较简便的投资方案评价方法。

在计算净现值的过程中，净现值会随着基准折现率的变化而变化。因此，基准折现率是净现值计算过程中非常重要的参数，对评价结果起决定作用。在评价投资方案时，对于基准折现率的确定主要考虑以下几个因素[9]：资本（收益）口径、风险水平、资金成本、通货膨胀、机会成本和企业战略。因此，采用净现值法对秸秆发电项目进行经济可行性分析时，必须对项目进行深入分析，结合投资的目标和项目的具体情况，充分考虑上述因素，使评价结果更加科学准确。

6.3 秸秆发电厂经济性影响因素

秸秆发电厂的经济性受诸多因素的影响，本节主要从厂址选择、项目初始投资、上网电价、秸秆资源可得性和国家税收政策方面进一步讨论分析。

6.3.1 厂址选择

秸秆发电厂的厂址选择主要受资源的约束。目前，我国尚不具备长距离运输生物质资源的条件，一个生物质发电厂可用的生物质资源受运输距离、秸秆类型（黄色秸秆、灰色秸秆）、秸秆资源等条件的限制。因此，生物质秸秆发电厂主要受其可获得的资源量的限制，并且在同一个地区不能同时建设多个秸秆发电厂，否则就会导致争夺有限的秸秆资源、盈利空间小、秸秆燃料价格快速上涨等诸多问题。只有通过政府主导、制定科学有指导性的秸秆资源利用规划，才能保证秸秆发电产业健康规范的发展。

6.3.2 项目初始投资

生物质发电项目的初始投资大是制约秸秆发电厂发展的重要“瓶颈”。目前，秸秆发电厂单机容量主要有 15MW 机组和 30MW 机组两种。秸秆发电项目的初始投资一般是常规火力发电的 2～3 倍，秸秆发电厂项目的平均造价是火电项目平均造价的 2 倍多。秸秆发电厂建设投资除了锅炉设备、除灰渣设备及燃料上料系统与常规燃煤发电厂不同外，其他系统大致相同。秸秆发电厂项目工程造价高的原因主要是设备造价较高及秸秆发电厂的土地购置成本高。在设备造价方面，秸秆发电厂的技术和设备的设计和制造并不是十分成熟。加上秸秆中 K、Cl 的质量分数较高，极易破坏设备金属表面的钝化膜，为防止秸秆锅炉的受热面腐蚀，发电厂需要采用大量特种耐腐蚀钢材，从而使造价较高。在土地购置成本方面，秸秆燃料比例小、体积大，不仅需要很大的堆放场地，还需要提供防雨、防潮、防火、防雷电的设备设施等，造成秸秆发电厂储存空间和作业场地很大。例如，拟建项目工程总占地面积为 18 万 m^2（273 亩），工程设计了 10 个储存仓库，每一个仓库占地面积为 6 609m^2（有效面积 5 952m^2）。整个工程征地投资达到了 1 310.4 万元（4.8 万元/亩）。

6.3.3 上网电价

我国《可再生能源法》要求：“国务院价格主管部门根据不同类型可再生能源发电的特点和不同地区的情况，按照有利于促进可再生能源开发利用和经济合理的原则确定，并根据可再生能源开发利用技术的发展适时调整。上网电价应当公布。”经过反复测算，国家明确规定在生物质发电厂运行的前 15 年，生物质发电的上网电价在 2005 年当地火电脱硫机组标杆上网电价的基础上加 0.25 元/kW·h，作为对生物质发电厂的补贴[10]。2010 年，在大量调研测算的基础上，国家发展改革委明确生物质发电上网电价统一为 0.75 元/kW·h，体现了国家政策对该产业的大力支持。

6.3.4　秸秆资源可得性

秸秆资源长期稳定的可得性是保证秸秆发电厂能够长期健康运转的关键因素。这其中最重要的工作就是确定秸秆资源的可利用量。由于不同地区的不同农作物秸秆的谷草比系数有很大差别。因此，统计并确定合理的适用于秸秆发电厂规划地区的谷草比系数是首要工作。其次，秸秆发电厂燃料的运输半径一般较短，并且不是所有在运输半径范围内的秸秆资源都可被发电厂应用。此外，由于农作物种植的多样性，一个地区的秸秆资源可能包括很多种，但是，对于一个秸秆发电厂而言，一般燃烧同一类物理特性的生物质燃料，或以草本秸秆为主，或以木本生物质资源为主，不可能将所有资源都列入发电厂可以焚烧的范围，否则将会低估发电厂未来收集资源的难度。很多已经建成的生物质发电厂无法正常运行，正是由于生物质燃料资源供应无法得到保证。

6.3.5　国家税收政策

根据我国《资源综合利用产品和劳务增值税优惠目录》(财税〔2015〕78 号)，“农林剩余物及其他”类目包括“餐厨垃圾、畜禽粪便、稻壳、花生壳、玉米芯、油茶壳、棉籽壳、三剩物、次小薪材、农作物秸秆、蔗渣，以及利用上述资源发酵产生的沼气”。因此，利用秸秆资源发电的企业可以根据相关的税收政策，对增值税实施即征即退。另外，生物质发电厂在企业所得税方面也可以享受优惠政策。生物质发电项目所得税按照营业收入减 10%进行计算，并将折旧费计入总成本[1]。这些税收优惠政策可以在一定程度上改善生物质秸秆发电项目的经济可行性。

6.4　构建经济可行性分析模型

秸秆生物质发电项目在整个项目周期内的经济可行性以项目净现值来表示。项目净现值大于 0，说明项目具备经济可行性，否则，项目将无法长期运行。构建的数学模型是建立在秸秆燃料供应成本优化模型基础上的，该经济模型以生物质秸秆发电项目的净现值最大化为目标，同时考虑项目总投资与运行维护成本、项目生产能力、供应链效率、原材料价格、项目融资成本和商业税收等条件约束。

6.4.1　目标函数

秸秆发电项目周期分为两个阶段：第一阶段为建设期，用 T_1 表示；第二阶段为运营期，用 T_2 表示。目标值是秸秆发电项目全部投资所得税前的净现值，计算中涉及项目年收入（最后一年包括项目残值）、年均秸秆原料成本、除秸秆费用外的经营成本、营业税金及附加、项目初始投资资金等。本章假定在项目运营期内项目年收入、秸秆原料成本和经营成本各年一致。

$$\text{Max NPV} = \sum_{t=0}^{T_1+T_2} (R_t - F_t - \text{OM}_t - \text{TX}_t) \cdot \text{PVI}_t - \text{TPC} \tag{6-6}$$

式中，NPV 为项目净现值，$\text{NPV} \geqslant 0$，说明该项目是可以接受的；$\text{NPV} < 0$，则说明项目不能接受。R_t 为第 t 年的项目收入，最后一年考虑项目残值。F_t 为第 t 年需要耗费的生物质秸秆成本。OM_t 为除秸秆费用外的经营成本。TX_t 为营业税金及附加，包括增值税、教育费附加和城乡维护建设税（简称城建税）。TPC 为项目初始投资资金。PVI_t 为项目折现率。

项目年平均收入包含各种产品（电能、热能）的销售收入和项目末期的残值 S，可以用式（6-7）表示。

$$R_t = \begin{cases} 0, & \forall t \leqslant T_1 \\ \sum_{j=1}^{J}\sum_{g=1}^{G}\sum_{m=1}^{12} P_g \cdot q_{jgm}, & \forall T_1 < t < T_1 + T_2 \\ \sum_{j=1}^{J}\sum_{g=1}^{G}\sum_{m=1}^{12} P_g \cdot q_{jgm} + S, & \forall t = T_1 + T_2 \end{cases} \tag{6-7}$$

式中，P_g 为产品 g 的单位销售价格；q_{jgm} 为发电厂 j 第 m 个月产品 g 的产量；S 为项目末期的残值。

生物质发电厂的秸秆原料主要来源于当地的农作物剩余物，如玉米秸秆、豆秆、稻草等。从田地到收购站的燃料收集工作由当地的经纪人负责，在收购站对这些农作物秸秆进行打包和储存，以便发电厂进行调运。从收购站到发电厂的运输工作由专业的第三方物流公司负责或者是由发电厂自己的运输车队来完成。燃料的年均成本包括农作物秸秆的收购费用、打捆费用、运输费用（含装卸环节）、储存费用（收购站和电厂）及秸秆的预处理费用。

$$F_t = \begin{cases} 0, & \forall t \leqslant T_1 \\ \sum_{i=1}^{I}\sum_{m=1}^{12}\left[(\text{hc}+\text{db})x_{im} + \text{sc}_1 \cdot \text{xs}_{im}\right] + \sum_{i=1}^{I}\sum_{j=1}^{J}\sum_{m=1}^{12}\left[(\text{uc}+\tau_{ij})\text{xt}_{ijm}\right] & \\ +\sum_{j=1}^{J}\sum_{m=1}^{12}\left[\text{sc}_2 \cdot \text{xss}_{jm} + \text{gc} \cdot \text{xpp}_{jm}\right], & \forall T_1 < t \leqslant T_1 + T_2 \end{cases} \tag{6-8}$$

建设生物质秸秆发电厂的资金来源主要有以下两种：自有资金和银行贷款。本章假设项目融资一部分来源于自有资金 E，所占比例为 w_e，另一部分采用长期贷款 D，所占比例为（$1-w_e$）。自有资金收益率和贷款资金利率分别为 r_e 和 r_d。根据式（6-9）计算出全部投资的加权平均资金成本[11,12]，即项目基准收益率 WACC。

$$\mathrm{WACC} = w_e \cdot r_e + (1 - w_e) \cdot r_d \tag{6-9}$$

工程项目投资可以分年度进行：第 1 年投入比例为 pr，第 2 年投入比例为（1-pr）。因此，工程项目总投资费用现值 TPC 可以用式（6-10）表示。

$$\mathrm{TPC} = \mathrm{pr}(E + D) + \frac{(1 - \mathrm{pr})(E + D)}{\mathrm{WACC}} \tag{6-10}$$

除秸秆费用外的经营成本 OM_t，可以用除秸秆外的生产成本 P_t 扣除固定资产折旧费（C_1）、无形资产摊销费（C_2）和递延资产摊销费（C_3）来表示[式（6-11）]。其中，固定资产折旧年限用 y_1 表示，无形资产摊销年限用 y_2 表示，递延资产摊销年限用 y_3 表示（$y_1 > y_2 > y_3$）。折旧费及摊销费从项目经营期开始算起。

$$\mathrm{OM}_t = \begin{cases} P_t - (C_{1t} + C_{2t} + C_{3t}), & \forall T_1 < t \leqslant T_1 + y_3 \\ P_t - (C_{1t} + C_{2t}), & \forall T_1 + y_3 < t \leqslant T_1 + y_2 \\ P_t - C_{1t}, & \forall T_1 + y_2 < t \leqslant T_1 + y_1 \end{cases} \tag{6-11}$$

营业税金及附加 TX_t 包括增值税、教育费附加和城建税，其中销项税按照销售收入的 17%计算，城建税及教育费附加分别按照增值税的 7%和 3%缴纳，即销售收入的 1.7%计算。计算公式如下：

$$\mathrm{TX}_t = \begin{cases} 0, & \forall t \leqslant T_1 \\ 17\% \times (1 + 7\% + 3\%) R_t, & \forall T_1 + 1 \leqslant t \leqslant T_1 + T_2 \end{cases} \tag{6-12}$$

项目折现率 PVI_t 可以根据式（6-13）来计算。

$$\mathrm{PVI}_t = \frac{1}{(1 + \mathrm{WACC})^t}, \quad \forall t \tag{6-13}$$

式中，WACC 为加权平均资本成本。

6.4.2 约束条件

其他与生物质秸秆物流过程相关的约束条件也应予以考虑。式（6-14）表明，收集的生物质秸秆数量应不大于给定收购区域内的生物质秸秆可获得量，其中 p_i 表示生物质秸秆可能源化利用系数，R_i 表示生物质秸秆的收集半径，k_{1c} 表示作物 c 的单位面积产量，k_{2c} 表示作物 c 的草谷比，α_c 表示各作物面积百分比。

$$\sum_{m=1}^{12} x_{im} - p_i \left(\sum_{c=1}^{C} \pi R_i^2 k_{1c} \alpha_c k_{2c} \right) \leqslant 0, \quad \forall i \tag{6-14}$$

式（6-15）给出了每个月可以收集的生物质秸秆的数量约束。

$$x_{im} - \mathrm{LMT}_m p_i \left(\sum_{c=1}^{C} \pi R_i^2 k_{1c} \alpha_c k_{2c} \right) \leqslant 0, \quad \forall i \tag{6-15}$$

式中，LMT_m 为每个月可以收集的最大百分比。

式（6-16）表明生物质秸秆在收购站 i 的储存平衡条件。式（6-17）表明生物质秸秆运输量和收购站储存量之间的平衡关系。

$$x_{im} + \theta \cdot \mathrm{xs}_{im-1} - \sum_{j=1}^{J} \mathrm{xt}_{ijm} - \mathrm{xs}_{im} = 0, \quad \forall i, m \tag{6-16}$$

$$\sum_{m=1}^{M} x_{im} - (1-\theta)\sum_{m=1}^{M} \mathrm{xs}_{im} - \sum_{m=1}^{M}\sum_{j=1}^{J} \mathrm{xt}_{ijm} = 0, \quad \forall i \tag{6-17}$$

式（6-18）表明生物质秸秆在发电厂的储存平衡条件。要求第 m 月运输的秸秆可用量与发电厂第 $m-1$ 月所储存的秸秆数量的总和要等于发电厂当月的储存秸秆数量和燃烧量的总和。

$$\sum_{i=1}^{I}(1-\delta)(1-\mathrm{wc})\mathrm{xt}_{ijm} + \varphi \cdot \mathrm{xss}_{j(m-1)} - \mathrm{xss}_{jm} - \mathrm{xpp}_{jm} = 0 \tag{6-18}$$

式中，δ 为运输过程中的损耗（%）；wc 为生物质秸秆的平均含水率（%）；φ 为目的地 j 生物质秸秆的可用系数（%）。

式（6-19）表明发电厂当月的秸秆处理数量要等于发电厂当月的需求量。

$$\mathrm{xpp}_{jm} - \rho \cdot Q = 0, \quad \forall j, m \tag{6-19}$$

式中，ρ 为每个月发电厂工作的天数；Q 为每天发电厂的生物质秸秆需求量（t/d）。

式（6-20）和式（6-21）分别表示秸秆发电厂的秸秆最小库存数量和发电厂每个月的秸秆最大库存要求。

$$\mathrm{xss}_{jm} - \mathrm{MIN} \geqslant 0, \quad \forall j, m \tag{6-20}$$

$$\mathrm{xss}_{jm} - \mathrm{MAX} \leqslant 0, \quad \forall j, m \tag{6-21}$$

式（6-22）表示每月消耗的生物质秸秆数量与生产的产品 g（电量、热量）之间的数量关系。

$$q_{jgm} - \eta_g \cdot \mathrm{xpp}_{jm} \leqslant 0, \quad \forall j, g, m \tag{6-22}$$

式中，η_g 为每吨生物质秸秆可生产的产品 g 的数量。

最后，在约束条件中，要求所有的变量都大于等于零。

$$x, \mathrm{xt}, \mathrm{xs}, \mathrm{xss}, \mathrm{xpp}, \quad q \geqslant 0 \tag{6-23}$$

6.5 实 例 应 用

6.5.1 基础模型分析

1. 基础数据

根据黑龙江省国能望奎生物发电有限公司的调研数据，项目一期已投资 2.8 亿元，固定资产折旧年限、无形资产摊销年限和递延资产摊销年限分别为 15 年、10 年和 5 年，项目残值按照 10%计算。除秸秆燃料外的年运行和维护成本约为 2 800 万元。设备年运行时间约为 5 500h，年发电量可达 1.75 亿 kW·h。另外，发电项目每年还产生灰烬为 7 980t。该项目计划期为 20 年。项目工程资金按内资考虑，自有资金占 20%，其余 80%为银行贷款，贷款利率执行国家现行五年期以上固定资产投资贷款利率，年利率为 6.12%。工程静态投资分年度为第一年投入 40%，第二年投入 60%。还款采用本金等额利息照付的方式，偿还期为 15 年（含建设期 1 年）。在纳税方面，增值税按照销项税减进项税计算，售电销项税率为 17%，秸秆燃料进项税率为 13%；城建税及教育费附加按照增值税的 7%和 3%缴纳。根据现有生物质秸秆发电销售价格政策，项目在进行经济性评估时采用含税电价 0.75 元/kW·h。发电厂所用的生物质燃料全部来源于周边的农作物秸秆资源。根据生物质秸秆供应成本优化结果，秸秆燃料平均运输距离为 12.15km。

2. GAMS 模型代码

说明："*" 后面的代码用于解释说明，不会执行，代码不区分大小写。

```
    $ontext
    This program is used to determine the NPV of Biopower project of
Wangkui in Heilongjiang Province.
    $offtext
    $OFFSYMLIST OFFSYMXREF
    OPTION LIMCOL = 0;
    OPTION LIMROW = 0;
    OPTION SOLSLACK = 1;
    OPTION ITERLIM=5000000;
    OPTION RESLIM=1000000;
    Sets
       I Biomass supply locations
       /Xianfeng, Huojian, Dengta, Dongjiao, Housan, Tongjiang/

       J Biomass-based power plant locations
       /Wangkui/

       M Months of the production year
       /Jan, Feb, Mar, Apr, May, Jun, Jul, Aug, Sep, Oct, Nov, Dec/

       C Crops
       /corn, soybean, rice/

       G Products
       /electricity, heat/
```

```
   Project_year Index of the project year
   /1*20/

Parameter Biomassavai(I) Biomass inventory at source i in tons (wet)
       /Xianfeng      250000
       Huojian        220000
       Dengta         200000
       Dongjiao       190000
       Housan         170000
       Tongjiang      180000/;

Parameter land(C) Agricultural land area in 10000 mu
       /corn          119.5
       soybean        79.4
       rice           10.4/;
Scalar Totalland Total land area in 10000 mu /348/;
Parameter Product(C) Crops production kg per mu
       /corn          525
       soybean        165
       rice           548/;
Parameter ratio(C) Straw to grain ratio
       /corn          1.3
       soybean        1.1
       rice           0.9/;
Parameter Radius(I) Collection radius in km
       /Xianfeng      7
       Huojian        9
       Dengta         20
       Dongjiao       20
       Housan         15
       Tongjiang      18/;

Table Dis(I,J) Distance between supply and demand locations in km
                     Wangkui
       Xianfeng      7
       Huojian       9
       Dengta        20
       Dongjiao      12
```

```
        Housan          18
        Tongjiang        25;

    Scalar  BP  Proportion of biomass that are available for power
            generation /0.5/;
    Scalar wc   Biomass moisture content /0.20/;
    Parameter LMT(M)   Extracted proportion as a percentage of the
            whole year
           /Jan          0.95
            Feb           0.95
            Mar           0.9
            Apr           0.8
            May           0.8
            Jun           0.2
            Jul           0.1
            Aug           0.0
            Sep           0.0
            Oct           0.0
            Nov           0.85
            Dec           0.85  /;

* Proportion of available woody biomass on site

    Scalar UPS       Usable proportion of biomass at supply locations
                     /0.995/;
    Scalar UPP       Usable proportion of biomass at plants /0.999/;
    Scalar Stumpage  Stumpage cost of biomass in yuan per ton /100/;

*Assuming the hourly cost of a packaging machine is 53.36 yuan and the
*productivity is around 1.6-2 t. We used the value of 1.8t in the case.
*Therefore, the cost per ton is about 30 yuan.
    Scalar db        Cutting and packaging cost at source i in yuan
                     per ton /30/;
    Scalar sc        Storage cost for biomass in the storage site in
                     yuan per ton /2/;

*The transportation cost assumptions are determined after consulting
*with local suppliers in Wangkui.
```

```
Scalar P        Truck purchased cost in yuan /96000/;
Scalar S        Truck salvage value as a percentage of purchased
                 cost /0/;
Scalar kpl       Truck km per liter on roads /10/;
Scalar kph       km per hour on roads /75/;
Scalar fpl       Fuel price in yuan per liter /7.5/;
Scalar dwh      Driver's wage per hour including benefits /7.5/;
Scalar N        Economic life of trucks /5/;
Scalar smh       Scheduled machine hours per year /2000/;
Scalar iitr      Interest insurance and tax rate /0.20/;
Scalar mr       Maintenance and repair rate as a percentage of
                 depreciation /1.0/;
Scalar ut       Utilization rate of trucks /0.65/;
Parameter TC(I,J)    Transportation rate from location i to
                 location j;
TC(I,J)=2*Dis(I,J)*(fpl/kpl + dwh/kph + ((P-P*S)*(1+mr) + iitr*
               ((P-P*S)*  (N+1)/2+N*P*S))/N /smh /ut /kph) ;

Display TC;

Scalar W Truck load in tons using 7.2-m Dongfeng truck /14/;

Parameter TLT(I,J)  Trucking cost in yuan per ton ;
       TLT(I,J)= TC(I,J)/W;
Display TLT;
Scalar TLoss      Dry matter loss due to transportation /0.03/;
Parameter Day(M) Working days per month
       /Jan    30
       Feb    26
       Mar    30
       Apr    29
       May    30
       Jun    20
       Jul    20
       Aug    20
       Sep    20
       Oct    30
       Nov    29
       Dec    28/;
```

```
Scalar Capacity Daily feedstock needed for operation in tons /800/;
Parameter Min_inventory  Minimum storage at the plant in tons;
        Min_inventory=30*Capacity;
Parameter Max_inventory  Maximum storage at the plant in tons ;
        Max_inventory=60*Capacity;

Parameter N  Plant life ;
        N=CARD(project_year);
Scalar TPC Total investment in the first stage in yuan/280000000/;

Scalar Equity_prop Proportion of equity in the total investment
 /0.20/;
Parameter E Equity;
        E=TPC*Equity_prop;
Scalar Re Cost of equity /0.10/;
Scalar Rd Cost of debt /0.0612/;
Parameter WACC weighted average capital cost;
        WACC=0.2*Re+0.8*Rd;

Parameter PVI(Project_year) Present value index at each project year;
        PVI(Project_year)=1/Power((1+WACC),ORD(Project_year));

Scalar   pr   proportion of investment in the first year /0.4/;
Parameter D1(Project_year) investment depreciation cost;
        D1(Project_year)$(ORD(Project_year)EQ 1)=0;
        D1(Project_year)$(ORD(Project_year)EQ 2)=7225806;
        D1(Project_year)$((ORD(Project_year)GE 3) and (ORD(Project_
          year)LE 16))=18064516;
        D1(Project_year)$(ORD(Project_year)GE 17)=0;

Parameter D2(Project_year) #2 depreciation cost;
        D2(Project_year)$(ORD(Project_year)EQ 1)=0;
        D2(Project_year)$(ORD(Project_year)EQ 2)=516571;
        D2(Project_year)$((ORD(Project_year)GE 3) and (ORD(Project_
          year)LE 11))=1291428;
        D2(Project_year)$(ORD(Project_year)GE 12)=0;

Parameter D3(Project_year) #3 depreciation cost;
        D3(Project_year)$(ORD(Project_year)EQ 1)=0;
```

```
            D3(Project_year)$(ORD(Project_year)EQ 2)=246545;
            D3(Project_year)$((ORD(Project_year)GE 3) and (ORD(Project_
              year)LE 6))=616363;
            D3(Project_year)$(ORD(Project_year)GE 7)=0;

      Parameter productioncost(Project_year) production cost besides
       biomass cost;
            productioncost(Project_year)$(ORD(Project_year)EQ 1)=0;
            productioncost(Project_year)$(ORD(Project_year)EQ 2)
              =0.4*28660000;
            productioncost(Project_year)$(ORD(Project_year)GE 3)
              =28660000;

      Parameter OM(Project_year) Operation and maintainance cost;
      OM(Project_year)=productioncost(Project_year)-D1(Project_
            year)-D2(Project_year)-D3(Project_year);

      Display OM;

      Parameter Price(G) Price of products value-added tax included
            /electricity       0.75
             heat             44.83/;
      Parameter Lambda(G) Conversion factors in kWh and GJ per ton of
       straw biomass;
            Lambda("electricity")= 850;
            Lambda("heat")= 20;
*Define Variables
      Variables
      OBF                     Objective
      R(Project_year)         Revenue in the project year
      F(Project_year)         Biomass cost in the project year
      TX(Project_year)        Tax in the project year
      x(I,M)         Quantity of biomass purchased at source i in month m
      xt(I,J,M)      Quantity of biomass transported from source i to plant
                     j in month m
      xs(I,M)        Quantity of biomass stored at source i in month m
      xss(J,M)       Quantity of biomass stored at plant j in month m
      xpp(J,M)       Quantity of biomass processed at plant j in month m
      Q(J,G,M)       Production of product G at location j in month m
```

```
      Positive Variables  x, xt, xs, xss, xpp, Q;

*Define Equations
      Equations
      obj                    Objective function
      Revenue1(Project_year)   Annual revenue before operation
      Revenue2(Project_year)   Annual revenue during operation year 2
      Revenue3(Project_year)   Annual revenue during operation after
                               year 2

      Fcost1(Project_year)     Biomass cost before operation
      Fcost2(Project_year)     Biomass cost during operation year 2
      Fcost3(Project_year)     Biomass cost during operation after year 2

      TAX1(Project_year)   Business tax
      TAX2(Project_year)   Business tax

      Bioavi(I)            Biomass available at source i
      Ext_limt(I,M)        Extraction limit of biomass at source i in
                           month m
      Storage1(I,M)        Biomass supply balance at source i in month m
      Storage2(I)          Biomass supply balance at source i
      PlantBalance(J,M)    Biomass balance at plant
      Production(J,M)      Biomass required per month at plant j
      Plant_Storage1(J,M)  Minimum biomass storage per month at plant j
      Plant_Storage2(J,M)  Maximum biomass storage per month at plant j
      Conversion(J,G,M)    Product conversion;

      obj..
      OBF=E=sum(Project_year,(R(Project_year)- F(Project_year)-
      OM(Project_year)-TX(Project_year))*PVI(Project_year))-
      (0.4*TPC+0.6*TPC/WACC)+0.10*TPC/Power((1+WACC),20);

      Revenue1(Project_year)$ (ORD(Project_year) EQ 1)..
      R(Project_year) =E=0;

      Revenue2(Project_year)$ (ORD(Project_year) EQ 2)..
      R(Project_ year)=E=pr*sum((J,G,M),Price(G)*Q(J,G,M));
```

```
Revenue3(Project_year)$ (ORD(Project_year) GE 3)..
R(Project_year)=E=sum((J,G,M),Price(G)*Q(J,G,M));

Fcost1(Project_year)$ (ORD(Project_year) EQ 1)..
F(Project_year)=E=0;

Fcost2(Project_year)$ (ORD(Project_year) EQ 2)..
F(Project_year)=E=pr*(sum((I,M),((Stumpage+db)*x(I,M)+
sc*xs(I,M)))+ sum((I,J,M), ((8+TLT(I,J))*xt(I,J,M)))+
sum((J,M),sc*xss(J,M)));

Fcost3(Project_year)$ (ORD(Project_year) GE 3)..
F(Project_year)=E=sum((I,M),((Stumpage+db)*x(I,M)+sc*
xs(I,M)))+sum((I,J,M),((8+TLT(I,J))*xt(I,J,M)))+
sum((J,M),sc*xss(J,M));

TAX1(Project_year)$(ORD(Project_year) EQ 1)..
TX(Project_year) =E=0;

TAX2(Project_year)$(ORD(Project_year) GE 2)..
TX(Project_ year)-0.1*R(Project_year)=E=0;

Bioavi(I)..
sum(M,x(I,M))-BP*sum(c,3.1416*radius(I)*radius(I)*land(c)/
  totalland * product(c)*ratio(c)) =L=0;

Ext_limt(I,M)..
x(I,M)-LMT(m)*BP*sum(c,3.1416*radius(I)*radius(I)*land(c)/
  totalland * product(c)*ratio(c)) =L=0;

Storage1(I,M)..
x(I,M)+ UPS*xs(I,M-1)-sum(J,xt(I,J,M))- xs(I,M) =E=0;

Storage2(I)..
sum(M,x(I,M))-sum((J,M),xt(I,J,M))-(1-UPS)* sum(M,xs(I,M))
 =E=0;

PlantBalance(J,M)..
sum(I,xt(I,J,M))*(1-Tloss)*(1-wc)+UPP*xss(J,M-1)-xss(J,M)-
```

```
xpp(J,M)=E=0;

Production(J,M)..          xpp(J,M) - Day(M)* Capacity =E=0;

Plant_Storage1(J,M)..      xss(J,M) - Min_inventory =G=0;

Plant_Storage2(J,M)..      xss(J,M) - Max_inventory =L=0;

conversion(J,G,M)..        Q(J,G,M)-Lambda(G)*xpp(J,M)=E=0;

Model Biopowerplant /all/;
Solve Biopowerplant max OBF using lp;
Option solprint=off;
```

3. 模型结果

经过基础模型运算，该生物质秸秆发电项目 20 年期的净现值为 6 120 万元。生物质秸秆年处理量为 24.96 万 t，年均成本为 5 058 万元，占总成本的 64.16%。因此该项目在经济上是可行的。

需要注意的是，生物质秸秆发电厂的建设成本约为 11 200 元/kW，这一数字要高于燃煤发电厂的建设成本（4 500 元/kW）和太阳能、风力发电的建设成本（8 000 元/kW），这也在很大程度上导致了生物质发电厂较低的经济性。现有的生物质发电上网价格（0.75 元/kW·h）可以帮助生物质发电厂改善经济性、提高可行性。生物质燃料的物流成本一般占发电厂燃料总成本的 50%～70%，该生物质秸秆发电项目中生物质燃料成本占总成本的比例也高达 64.16%，这对生物质燃料发电厂燃料供应物流系统提出了新的挑战：一方面，发电厂需要稳定燃料的供应来源；另一方面，发电厂需要构建物流供应网络（收购站点），降低燃料到厂成本。

6.5.2 敏感性分析

秸秆发电项目经济性评价采用的数据多为预测和估算，存在不同程度的不确定性，因此，需要考虑不同因素的变化对财务评价指标的影响，以评估该项目承担风险的能力。本章按照秸秆收购价格、上网电价、设备年利用小时、秸秆资源可利用系数、其他收入等单因素的不同变化程度，对项目净现值进行敏感性分析。

1. 秸秆收购价格

虽然生物质秸秆发电厂在整个生物质秸秆发电供应链上处于核心地位，但是其对于秸秆供应成本的控制能力较弱。一般地，生物质秸秆发电厂的秸秆供应成本约占总发电成本的60%，而秸秆的采购价格是秸秆供应成本的主要组成部分，可以占秸秆供应成本的 50%～70%，因此，秸秆的收购价格对于秸秆发电厂项目的经济性会产生一定的影响。在基础模型中，秸秆资源的收购价格为 100 元/t。实际上，在很多地区，秸秆的收购价格甚至会高达 150 元/t。因此，本章分析秸秆收购价格变化在-5%、0、+5%、+10%、+15%、+20%的情况下，项目净现值的敏感程度（图 6-1）。

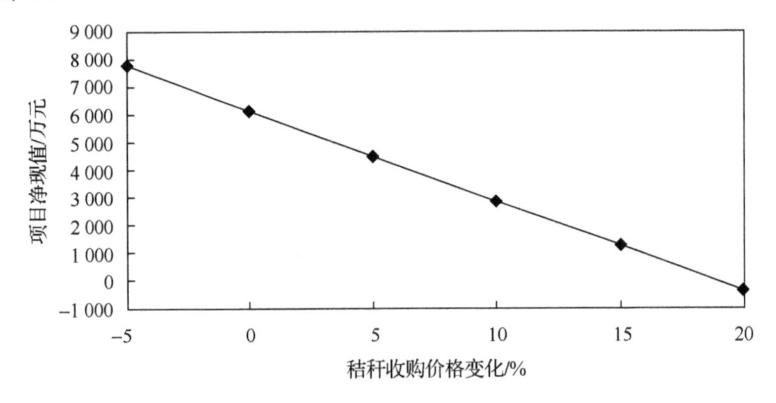

图 6-1　项目净现值与秸秆收购价格变化之间的关系

由图 6-1 可知，该生物质秸秆发电项目的净现值随秸秆收购价格的增加呈线性降低。秸秆收购价格每增加 5%，项目净现值将降低 1 629 万元。当每吨秸秆收购价格增加 20%，即收购价格为 120 元/t，项目净现值降低至-395 万元，显示该项目在经济上是不可行的。因此，优化生物质燃料发电厂燃料供应物流系统、稳定秸秆收购价格，对于提高生物质发电项目的经济性来讲是十分重要的。

2. 上网电价

上网电价是指国家电网购买发电厂的电力和电量，在发电厂接入主网架那一点的计量价格。生物质直燃发电上网电价是投资者决策的依据和决定生物质发电产业能否持续健康发展的决定性因素。国内一些省份为了鼓励秸秆等农林生物质综合利用，往往还对秸秆发电实行短期的电价补贴，即在国家规定的农林生物质发电上网电价 0.75 元/kW·h 的基础上再增加 0.081 元的补贴（含 17%增值税）。本章分析秸秆发电上网电价（含 17%增值税）在[0.71,0.75]变化的情况下项目净现值的敏感程度（图 6-2）。可以看出，上网电价在基础模型 0.75 元/kW·h 的基础上，每下降 0.01 元/kW·h，项目净现值将降低 1 760 万元。当秸秆上网电价下降到 0.71 元/kW·h 时，项目净现值为负值，显示该电价下项目在经济上是不可行的。短期的秸秆上网电价补贴，可以在一定程度上改善秸秆发电厂的经济效益，提高发电

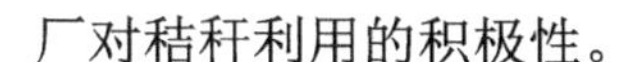
厂对秸秆利用的积极性。

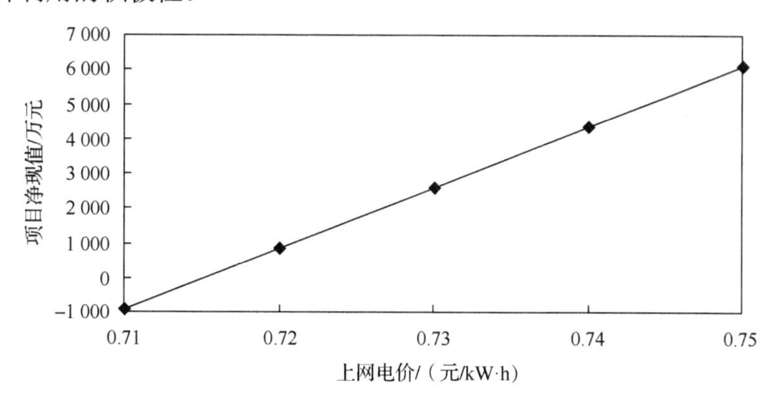

图 6-2　项目净现值与秸秆上网电价之间的关系

3. 设备年利用小时

设备年利用小时决定了生物质秸秆发电项目每年的发电量，直接对项目的售电和售热收入产生影响。在基础模型下，该项目设备年利用小时为 5 500h，项目净现值为 6 120 万元。当设备年利用小时在[5 300,5 700]变化时，项目净现值呈现线性变化的趋势（图 6-3）。设备年利用小时每增加 100h，项目净现值将增加 5 076 万元。而当设备年利用小时降低至 5 300h，该项目的净现值为负值，显示该项目在经济上是不可行的。因此，为了确保生物质秸秆发电项目的经济可行性，每年保证一定量的设备运行时间是十分必要的。

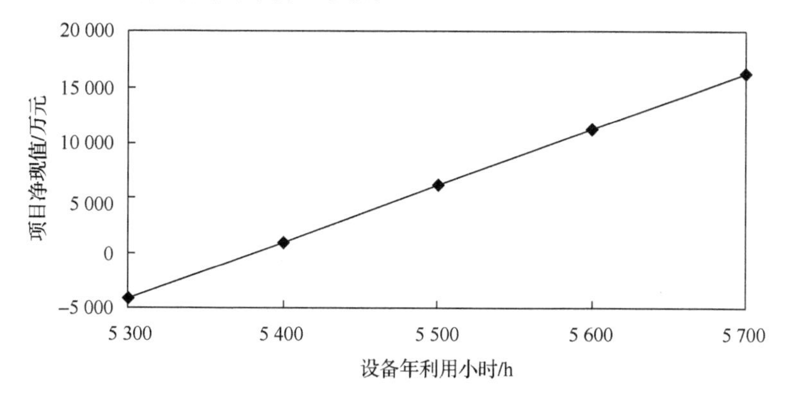

图 6-3　项目净现值与设备年利用小时之间的关系

4. 秸秆资源可利用系数

国内外很多生物质秸秆发电厂的运营实践表明，秸秆资源的长期稳定供应是生物质秸秆发电厂得以稳定运行的必要保证条件。因此，本章对秸秆资源可利用系数在[0.4,0.6]变化时的项目净现值进行敏感性分析（图 6-4）。可以看出，随着秸秆资源可利用系数的增加，项目净现值也呈现增加的趋势，但是增加的幅度不是很大，这表明该项目周围有丰富的秸秆资源可供发电厂使用，秸秆资源可利用系数的变化对于项目净现值的影响不大。

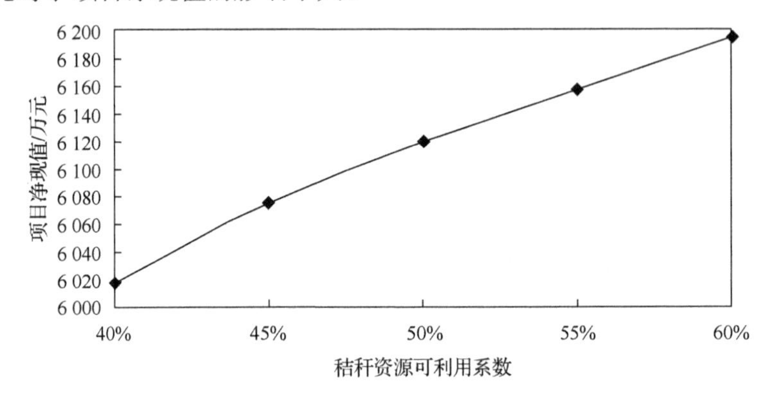

图 6-4　项目净现值与秸秆资源可利用系数之间的关系

5. 其他收入

本章中项目收入只计算了电力和热能，没有考虑碳排放交易收入和灰烬销售收入。这主要是考虑这些收入目前还不能形成稳定的现金收入流，只能单独核算。从我国已经运行的生物质发电厂的经验来看，除发电厂除尘器收集的飞灰可以作为肥料用于还田外，我国的生物质发电产生的锅炉出渣无法综合利用。这是因为我国生物质发电厂锅炉出渣的利用方式与国外有所不同。欧美、巴西等国家和地区通常将锅炉灰渣充分应用于化学工业、建材行业、环境治理、循环农业等方面，而我国的锅炉出渣一般用于筑路、填埋等初级处理，或随意堆放。我国的这种锅炉出渣处理方式，与我国生物质燃料基本是分散收集而非由大规模农场集中收集，导致燃料含土量较多有关。另外，在本章中生物质发电厂规模下（30MW 装机容量），相比同等发电规模的燃煤发电厂（火电厂）每年可减少碳排放量约 10 万 t。碳排放权可以在国际市场进行交易，因此，这一部分也应计算在收入内，但由于目前这一交易机制还不够完善，因此收益不固定。目前，国能望奎生物发电有限公司已经获得了 1 300 万元的清洁发展基金，进一步保证了项目的长期可持续性发展。

6.5.3　项目建议

通过上述敏感性分析可知，秸秆收购价格、上网电价及设备年利用小时对于秸秆发电项目的净现值有较大的影响，因此，研究人员从这三个方面分别给出发展建议以改善项目的经济可行性。

1. 稳定秸秆收购价格

秸秆收购价格会受多种因素的影响，如秸秆市场的供需关系、秸秆的来源（农户/秸秆经纪人）等。对于当地政府而言，应当积极规划、合理布局秸秆发电项目，避免不同的秸秆发电项目之间出现秸秆资源竞争的问题[13,14]。而对于秸秆发电厂来说，它们应积极优化秸秆燃料的收储运系统，做好这些环节的优化工作，在保障当地农户利益的情况下降低秸秆燃料的成本。

2. 保证合理的上网电价

尽管秸秆发电厂在设计之初可以通过售电和售热获得经济收入，但是对于大多数秸秆发电项目而言，售电收入仍是秸秆发电项目的主要甚至唯一的经济来源。我国目前对秸秆发电实行上网电价补贴政策。但是，不同地区的脱硫燃煤机组标杆上网电价差别较大，具体表现为北方地区电价低、南方地区电价高，目前的优惠电价很难保证北方地区秸秆发电厂盈利[10]。因此，政府需要制定相应的税收政策，如投资补贴、减免增值税与所得税等来支持秸秆发电厂的运营和发展。

3. 保证设备年利用小时

秸秆发电厂要盈利并获得良好的经济效益，还需要每年保证一定的设备利用小时。例如，保证每年的设备利用小时超过 5 500h，这样就能保证设计之初的年上网电量，进而保证项目的经济可行性。目前，国内的秸秆发电产业还面临一个共同的问题，即设备质量不够稳定[15]，这一问题会导致整个秸秆发电系统不能稳定运行，要不时停产检修，影响项目效益。秸秆发电厂可以通过对秸秆发电设备进行技术改造、改进，实现“两降两升”（使电厂的单位发电燃料消耗和发电厂用电率降下来；让发电利用小时和单位装机容量发电量升上去）的目标。

参考文献

[1] 乐俊，马庆，秦帆．秸秆发电项目投资财务评价研究[J]．能源与环境，2015（3）：106-107.

[2] 王欧．中国生物质能源开发利用现状及发展政策与未来趋势[J]．中国农村经济，2007（7）：10-15.

[3] 王朝华．对我国生物质能源发展现状和趋势的分析[J]．农业经济，2011（10）：12-14.

[4] 李永强．十二五规划目标基本确定 生物质能产业有望迎来发展良机[N]．中国能源报，2011-07-18，03.

[5] 高志杰．清洁发展机制下黑龙江省生物质能利用分析[J]．生态经济，2011（12）：92-96.

[6] 刘尚余，赵黛青，骆志刚．生物质直燃发电 CDM 项目开发关键问题的分析与研究[J]．太阳能学报，2008（3）：379-382.

[7] 王晶香，张雪梅．建设项目财务评价指标：投资回收期浅析[J]．建筑管理现代化，2004（2）：13-16.

[8] 朱纪宪. 投资项目经济评价中内部收益率指标的经济含义分析[J]. 国际石油经济，2005（2）：51-52.

[9] 兰春华. 净现值法中基准折现率的影响因素分析[J]. 中国证券期货，2013（5）：331-333.

[10] 黄锦涛，王新雷，徐彤. 生物质直燃发电经济性及影响因素分析[J]. 可再生能源，2008，26（2）：95-99.

[11] 任汝娟. 对加权平均资金成本计算中权数确定的探讨[J]. 会计之友（下旬刊），2009（1）：30-31.

[12] 郭学新. 谈融资决策中的资金成本及最佳资本结构[J]. 兰州交通大学学报，2006，25（5）：31-33.

[13] 崔和瑞，邱大芳，任峰. 我国秸秆发电项目推广中的问题与政府责任及其实现路径[J]. 农业现代化研究，2012，33（1）：69-73.

[14] 郭菊娥，薛冬，陈建华，等. 秸秆发电项目的政府优惠政策选择[J]. 西安交通大学学报（社会科学版），2008（2）：14-18.

[15] 陈明波，汪玉璋，杨晓东，等. 秸秆能源化利用技术综述[J]. 江西农业学报，2014，26（12）：66-69.

第 7 章　秸秆直燃发电系统环境影响评价

秸秆是新能源中具有开发利用规模的一种绿色可再生能源。秸秆具有清洁性，在 CO_2 总量上实现了零排放[1-3]。另外，与煤相比，秸秆的含硫量很低。国际能源机构的有关研究表明，秸秆的平均含硫量只有 3.8‰，而煤的平均含硫量约达 1%，并且秸秆低温燃烧产生的氮氧化物较少，所以除尘后的烟气不进行脱硫，可直接通过烟囱排入大气。丹麦等国家的运行试验表明，秸秆锅炉经除尘后的烟气不加其他净化措施完全能够满足环保要求。因此，秸秆发电不仅具有较好的经济效益，还有良好的生态效益和社会效益。

本章将以黑龙江省国能望奎生物发电有限公司为研究对象，采用生命周期评价方法对该厂秸秆直燃发电系统生命周期内的能源消耗和环境影响进行评价，并与燃煤发电进行对比分析，研究结果将有利于秸秆发电在该地区的进一步推广。

7.1　秸秆发电项目生命周期评价的意义

随着我国经济的快速增长和持续发展，能源需求也逐年上升。目前，我国的能源消费量的增长速度已经超过了世界其他国家，由此产生的能源安全和环境问题也变得日益严峻[4]。其中，生物质能源是发展潜力极大的可再生能源之一[5]。生物质能利用技术包括直接燃烧技术、生物质发电技术、液体燃料技术、压缩成型燃料技术等。较为常见的生物质发电有秸秆发电、垃圾发电和沼气发电。大力提倡和发展生物质发电，可以改善我国的能源结构，有效减少温室气体的排放，缓解日益恶化的生态环境，对实现我国经济社会的可持续性发展具有重要意义[5,6]。

据统计，近年来我国主要农作物秸秆年产量位居世界首位[7,8]。作为全国重要的农业大省，黑龙江省土地辽阔，农业资源丰富，是全国粮食的主产区之一，适于种植水稻、小麦、玉米、棉花、大豆、薯类及油料作物等。黑龙江省农作物秸秆种类繁多，年产农作物秸秆可达 9 000 多万 t，迄今为止，黑龙江省内已经建立了多家秸秆发电厂。总体来说，黑龙江省利用秸秆资源进行发电的前景是十分广阔的。

但是，需要注意的是，秸秆发电项目在实际运行中也存在一些问题。我国的农业生产方式以家庭承包为主，因此，小面积种植居多，农作物秸秆的分布相对分散。秸秆本身密度低、体积大、收获季节性强，这些因素大大提高了农作物秸秆收集、储存和运输的难度，成为制约秸秆发电厂规模化发展的重要问题[9]。同时，农作物秸秆一些独特的物理性质和化学性质，也给收集工作带来了一定的困难。农作物秸秆的收储运成本明显地高于传统的火力发电厂的燃料成本。秸秆燃料成本长期居高不下，特别是当农作物秸秆使用达到一定的数量时，秸秆燃料的收储运成本问题会愈加明显[10]。另外，利用秸秆生产出洁净能源的同时，也要消耗大量的能源和资源，排出污染物。因此，应该结合生物质发电项目的特点对生物质发电在整个生命周期过程中产生的影响加以认识、判断、评价和控制[11]。

7.2　生命周期评价方法

生命周期评价是一种用于评价产品或系统在其整个生命周期内能量与物质的输入和污染物相关的排放所造成的环境影响的工具[12]。生命周期既可以对产品进行评估也可以对处理过程或活动进行评价。这里所指的产品系统并不是普通的系统，而是具有一定功能的系统，并且系统内的能量和物质是相关联的。作为生命周期评价标准中“产品”，其不但可以代表一般制造业的产品系统，还可以表示为服务业提供的服务系统。生命周期全过程从原材料的获得或者自然资源的产生开始，一直到产品最终的废弃为止[13]。生命周期是一个连续的过程，其中的每个阶段都是相互关联的。

7.2.1　生命周期评价的框架

应用较多的生命周期评价技术框架将生命周期评价的基本结构总结为相互关联的 4 个部分：定义目标与确定范围、清单分析、影响评价和改善分析[14]。生命周期评价技术框架如图 7-1 所示。

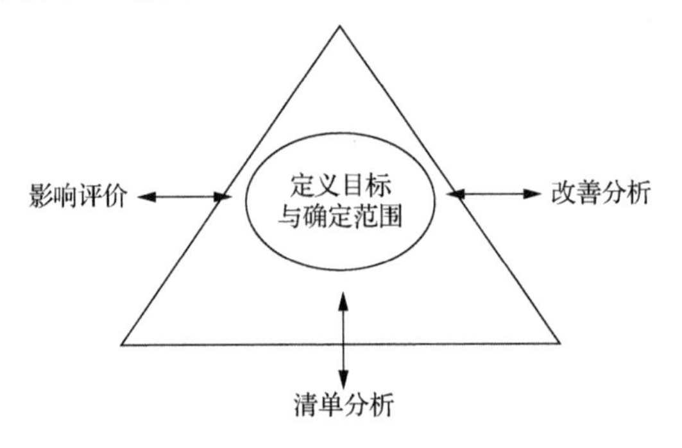

图 7-1　生命周期评价技术框架

ISO 14040 将生命周期评价分成四个步骤：目的与范围确定、清单分析、影响评价和生命周期解释。这 4 个步骤之间是密切联系的，并且每个步骤都是一直重复进行的。国际标准化组织（International Organization for Standardization，ISO）

将生命周期评价技术框架的改善分析阶段改进成为生命周期解释阶段，即对前面 3 个相互关联的过程进行解释。解释过程并非是单向的过程，而是相互的，解释的双方也需要不断做出调整，使系统更完善。另外，ISO 14040 生命周期评价框架对生命周期评价的步骤进行了更详尽的描述与分析，使之更加易于利用，大大推展了生命周期评价的研究与应用。ISO 14040 生命周期评价框架如图 7-2 所示。

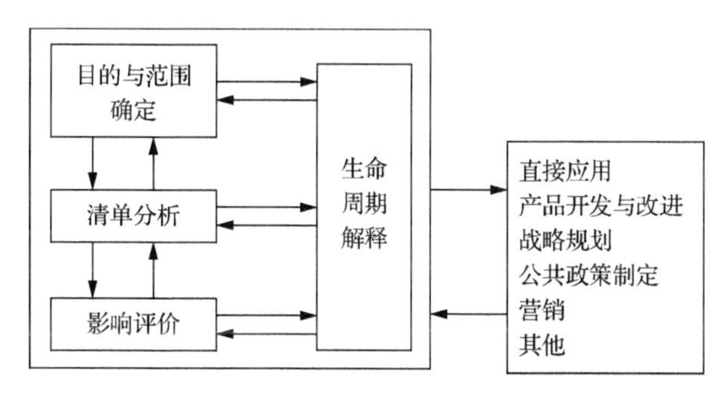

图 7-2　ISO 14040 生命周期评价框架

7.2.2　ISO 14040 生命周期评价框架分析

1. 目的与范围确定

在进行生命周期评价时，首先应该明确所研究项目的目的。而进行评价必须先对研究的范围进行界定。生命周期评价的研究目的应该先说明应用生命周期评价的原因及对研究成果的应用，然后应指出研究过程中所需要的基本信息及详细资料，最后提出研究的详细动机[15]。研究范围主要包括所研究产品或系统过程的系统边界、给定数据要求、做出假设及限制条件等。生命周期评价在确定研究范围时，应该充分考虑该范围如何才能够满足所要达到预期目的的要求。对生命周期评价范围完善的定义是，完成所研究项目预定目标的广度和深度的基本要求。生命周期评价并不是单一的过程，因此，在数据和信息不断完善的同时，生命周期评价可能自行修正预先界定的范围，进而达到预期的目标。同时，生命周期评价也可能修正研究目标本身。

在确定生命周期评价的目的和界限时，应该首先确定产品系统和系统边界。主要包括产品生产工艺及系统边界两个方面。依据已经确定的生产工艺，对生产流程中各部分所需要研究数据进行收集。在收集数据的过程中，应尽量选择具有代表性的数据，不可盲目选择。在数据的表达上，应该尽量准确完整。为了便于对产品系统的输入和输出进行标准化，并具有可比性，需要将清单分析中收集的全部数据换算成功能单位[16]。

2. 清单分析

清单分析是指对产品或系统的全生命周期内，所消耗的资源、能源及所产生的污染进行的定量分析[17]。作为生命周期影响评价（life cycle impact analysis，LCIA）的基础，清单分析表达了生命周期评价所需的基本数据[18]。在建立产品清单时，即描述产品的能源消耗与污染排放过程中，必须以产品的功能单位进行表达。系统的输入在一般情况下以原材料和能源为主。系统的输出则是指产品或系统整个生命周期内向空气、水体及土壤等排放的废弃物。建立清单分析首先应该做好数据收集的准备。在数据收集完成后，应该依据计算程序，以清单分析中的分配方法进行数据划分，最后分析清单分析结果并检查数据准确性等。

在清单分析中，应该包括产品系统每一个单元过程的输入与输出，而详尽的数据资料能为检查工艺流程（物流、能流和废物流）的准确性提供有力的证据[10]。作为影响评价的基础，对清单分析内的初始数据进行敏感性分析，可以验证系统边界的合理性。无论是在国内还是国外，清单分析的方法论都在不断被认可与接受。关于清单分析的探索与讨论已有相对成熟的结果。美国的 EPA（Environmental Protection Agency，环境保护署）专门在如何建立清单分析方面制定了一个详细的操作指南。相较于其他的组成部分来说，清单分析无疑是生命周期评价组成部分中发展最完善的。

3. 影响评价

在数据资料建立完成以后，对清单分析中的数据进行定性分类或定量排序的过程，即为生命周期影响评价。当前，影响评价并没有形成统一的标准与方法，正处于概念化阶段。权威的影响评价方法为一个三步走的模型，首先进行影响分类，然后进行特征化分析，最后对所得数据进行量化处理，并根据不同环境类型对环境贡献的不同，得到总的环境影响水平。清单分析中数据所属的环境影响类型并不完全相同，需要对不同影响类型的数据进行分类。按照不同的影响类型建立清单数据模型，即特征化是进行分析与定量的前提。每个系统的不同环境类型对环境的贡献都不尽相同，为了得到总的环境影响水平，需要对不同环境影响类型进行加权处理，即量化加权。

生命周期影响评价是生命周期评价中难度最大、争议最多的步骤[19]。国际生命周期评价权威研究机构为生命周期评价方法提供了建议，但是并未形成统一的评价方法。目前，国内外经常使用的生命周期评价方法有 20 多种。其中比较著名的有丹麦的 EDIP（environmental design of industrial products，工业产品环境设计）方法、荷兰的 CML（Center of Environmental Science of Leiden University，莱顿大学环境科学研究中心)2001 方法和PRé咨询公司的生态指数法即Eco-indicator 99方法，以及瑞士联邦技术研究所的 IMPACT 2002+方法等，每个方法都有各自的优缺点。

（1）EDIP 方法

EDIP 方法始创于 1997 年[20]，2003 版是对 1997 年方法的改进。该方法主要运用因果供应链关系，对环境影响比较大的步骤进行统计；它的缺点是仅考虑了产品在未来一年内的环境污染排放量，将其加到今天的影响量中，并减去过去造成的负影响，也就是环境益处，得到标准化值。造成的结果是产品如果在未来超过一年的时间中污染物排放量比较大的情况下，所研究得到的标准值误差较大。

（2）CML 2001 方法

CML 2001 方法是荷兰莱顿大学环境科学研究中心在 2001 年提出的一种生命周期影响评价方法，它采用中间点进行影响评价分析，以传统的生命周期清单的特征标准化为基础，减少了生命周期评价模型的复杂程度，降低了所研究产品的生命周期评价难度；它的缺点是没有考虑到氟化氢（HF）、氟氯化碳（CFC）排放所带来的毒性影响，所以造成的结果是如果产品生产过程中 HF 和 CFC 这两种毒性物质排放过多，所做的生命周期评价就会不准确。此外，CML 2001 没有考虑产品生产过程中的土地占有这方面的影响评价。

（3）Eco-indicator 99 方法

Eco-indicator 99 方法是由 Goedkoop 和 Spriensma 于 1999 年提出的，其考虑的影响类型主要有酸化、水体富营养化、生态毒性、土地占用、致癌物质、气候变化、电力辐射、臭氧层损耗、呼吸系统的影响、化石燃料和矿物开采[21]。Eco-indicator 99 将损害类型分为人类健康、生态系统质量和资源三大类，是将清单数据分类加权到这三大类影响损害上的评估方法，对产品生命周期中造成的环境污染有清晰的分类，并且考虑了长时间过程的生态影响。它的缺点是没有涉及噪声污染方面的评估，以及一些生态污染没有得到很好的界定，容易造成污染的重复计算。

（4）IMPACT 2002+方法

IMPACT 2002+方法是瑞士联邦技术研究所最早开发的影响评价方法[22]，是一种中间点的生命周期评价方法，通过本方法将清单数据划分到 14 个中间点类型的生命周期影响评价结果中，并且直接链接到四大类损害类型，凭借所得到的四大类损害值来评估对环境的影响，过程比较简单。它的缺点是评估过程中具有不确定性，模型比较简单，所得到的评价结果可能有较大误差。

综上所述，不同的影响评价方法都会有各自的优缺点。以上的生命周期影响评价方法总体可以分为两类：一类是中间点的面向问题的评估方法，主要是以

EDIP 2003 方法、CML 2001 方法为代表；另一类是结尾点的评估环境损害的评估方法，主要是以 Eco-indicator 99 方法、IMPACT 2002+方法为代表。ISO 标准允许使用介于清单结果（如污染物）和"末端"之间的影响类别指标。介于清单结果和"末端"之间的指标有时候被称为"中点"指标。

4. 生命周期解释

生命周期解释作为生命周期评价的最后一个阶段，主要是对前面各个阶段所得数据进行最终的综合。生命周期解释的内容主要包括分析所得的结果，从而得出结论。生命周期解释阶段在得出结论的同时也需要对结论的局限性进行解释，提出建议等，并最终报告生命周期解释的结果。生命周期解释阶段所解释的结果应该基于整个生命周期、清晰完整并与前面理论相一致。从理论上讲，生命周期解释必须具备识别、评估和报告 3 个方面。清单分析过程和影响评价等阶段的问题，通过识别过程即可清楚地检测出来。而所评价的整个生命周期是否完整，易受哪些因素影响等敏感性分析，需要通过评估过程得出。而报告需要给出最终的结论，并且提出建议。目前，关于清单分析的理论及研究方法已进入成熟阶段，影响评价的理论及研究方法正处于发展阶段，而改善分析的理论和研究方法则处于萌芽阶段。

7.3 国内外生物质发电项目生命周期评价研究现状分析

国外已经有很多研究来评估生物质发电技术/项目的生命周期环境影响。例如，美国能源部的 Mann 和 Spath[23]对假想的 113MWe 大型生物质气化联合循环发电系统进行生命周期评价研究，生物质原料为 7 年生能源类作物，评价模型采用 Aspen Plus 模拟发电系统流程。

Matthews 和 Mortimer[24]应用生命周期评估法对 5～30MW 的以木材为原料的发电厂的能源消耗和 CO_2 排放进行估计。发电的 4 个阶段分别是木材燃料供应阶段、前期燃料消耗阶段、发电厂建设阶段及维护阶段，其中木材燃料供应阶段是 CO_2 排放最多的阶段，占整体排放的 53%～56%。

Carpentieri 等[25]对煤气化联合循环发电系统和生物质气化联合循环发电系统进行生命周期评价。结果表明，生物质气化系统在资源消耗和温室气体排放方面要优于煤气化系统，然而煤气化系统在酸化和富营养化方面具有优势。

国内在生物质发电技术/项目的生命周期评价方面的研究是在近几年才开始的。贾友见等[26]对 4MWe 生物质气化气体机-汽轮机联合循环发电系统进行了生命周期评价并考虑了选用稻草作为燃料及没有还田导致的土壤肥力流失因素。作者评价了生物质气化发电的枯竭性资源消耗、全球变暖、臭氧层破坏、人体毒性、光化学氧化物形成、酸化、富营养化 7 类环境影响，指出生物质气化发电系统的环境影响指标优于煤气化发电。

崔和瑞和艾宁[27]以 2MW 秸秆简单气化内燃机发电系统为研究对象，建立了基于生命周期分析方法的数学模型和支撑数据库，对系统边界、环境影响指标，以及决定系统环境性的重要参数进行了讨论。同时，对秸秆气化发电系统进行了生命周期评价，全面评价了秸秆气化发电过程中不同排放物和能源消耗对环境的影响。

廖艳芬和马晓茜[28]应用生命周期评价方法分析了生物质气化联合循环发电、生物质热裂解发电和生物质与煤混合燃烧发电在生物质利用过程中减排温室气体和毒性气体的作用，并与燃煤发电进行了对比分析。结果表明，在生产 1kW·h 电能的生命周期中，3 种生物质发电方案的 CO_2 排放量远远小于燃煤发电，特别是生物质气化联合循环发电和生物质热裂解发电两种方案减排的 CO_2 达到了 87%～94%。

冯超和马晓茜[17]应用生命周期评价方法，以秸秆直燃发电项目为研究对象，对秸秆的种植、运输、粉碎干燥和燃烧发电 4 个过程进行了清单分析，并分别计算了 4 个过程的能耗及其对环境的影响。

刘俊伟等[29]对以小麦秸秆为燃料的总装机容量为 25MW 的生物质直燃发电系统生命周期过程中的能量消耗及造成的环境影响进行了评价。

7.4　环境影响评价实例分析

以国能望奎生物质发电有限公司总装机容量为 30MW 的秸秆直燃发电系统（图 7-3）为例，采用 Eco-indicator 99 方法和生态指数数据库，对生物质原材料的收集、运输、加工与发电等过程的数据进行收集，根据生命周期清单分析，对系统每产生 10 000kW·h 电能所造成的资源消耗和环境排放进行量化，计算环境影响负荷系数，并与燃煤发电进行对比分析。

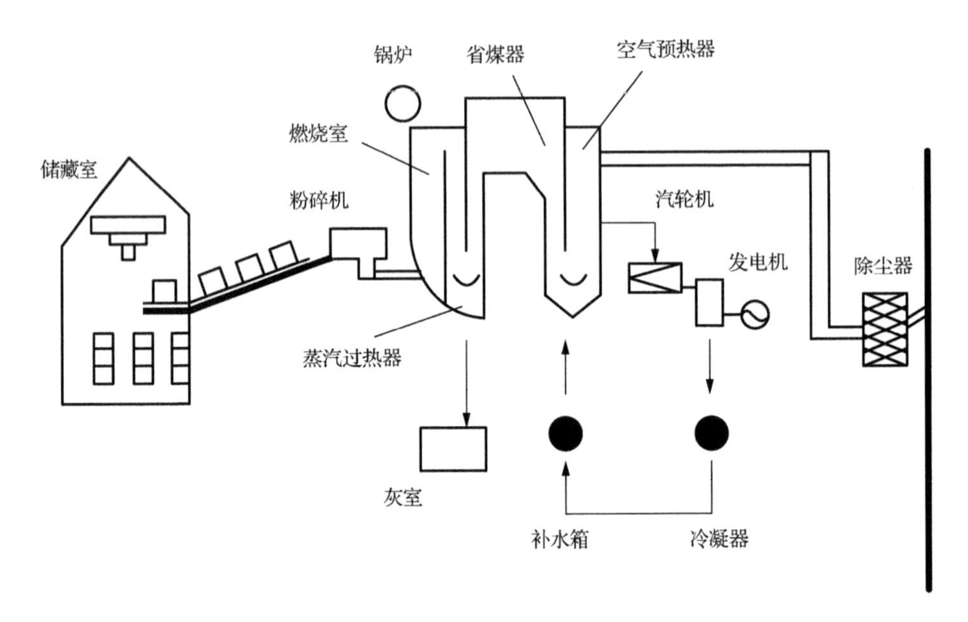

图 7-3　生物质直燃发电系统示意图

7.4.1　确定生命周期系统边界

在确定生命周期系统边界时，由于缺乏各种设备和厂房的制造及退役的数据，因此在生命周期系统内没有纳入这一环节，仅研究正常生产阶段。秸秆直燃发电系统的生命周期系统包括秸秆种植获取阶段、生物质秸秆运输阶段和发电厂运行阶段。秸秆直燃发电系统的边界划分如图 7-4 所示。

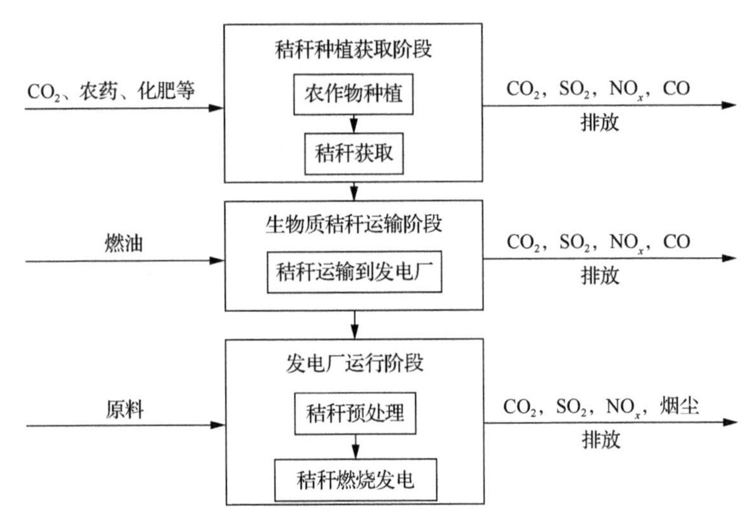

图 7-4　秸秆直燃发电系统的边界划分

7.4.2　清单分析

数据清单分析又称编目和列表分析，是进行生命周期影响评价的基础。它是指对产品、工艺或活动在其整个生命周期阶段的资源、能源消耗和向环境的排放物（包括废气、废水、固体废物及其他环境释放物）进行数据量化分析。

1. 秸秆种植获取阶段

玉米秸秆是玉米种植过程中产生的副产物，但是仍具有一定的经济价值。在以往的研究中，人们往往忽略了玉米秸秆种植阶段的环境影响。其实，在玉米秸秆的生长过程中，农药和化肥的使用、农田温室气体的排放、柴油和电能等的输入都会对环境产生一定的影响。因此，本章将玉米秸秆的种植环节纳入系统边界，考虑玉米秸秆在种植过程中对环境产生的影响。玉米在种植过程中，秸秆吸收的 CO_2 与燃烧过程中排放的 CO_2 相抵消，因此，不计算其吸收的 CO_2 量。由调研数据可知，黑龙江省绥化市玉米收购价格为 2 080 元/t，风干玉米秸秆每吨价格在 160～200 元。因此，本章设定玉米秸秆在种植过程中的能源消耗和污染物排放占整个玉米种植过程的 8.5%。根据赵建波[30]、郭耀东等[31]的研究数据，玉米在种植过程中的农田温室气体排放量：CO_2 为 638.12kg/t，N_2O 为 0.479kg/t。由折算因子为 0.161 4 可知，每吨玉米秸秆在种植阶段将产生的 CO_2 和 N_2O 排放量分别为 102.99kg/t 和 7.73×10^{-2}kg/t。另外，每公顷玉米在种植过程中因肥料、柴油、电能的输入，共产生 2 159.04kg 等值的 CO_2[32]。按照每公顷玉米产量为 10 000kg，以及玉米秸秆在种植过程中的能源消耗和污染物排放占 8.5%，计算秸秆直燃发电系统每发电 1 万 kW·h 所需的玉米秸秆在秸秆种植阶段排放的污染物数量。

为了保证玉米秸秆的供应，国能望奎生物发电有限公司设立专业的秸秆收储运公司，在周边乡镇设立了 6 个常用的秸秆收储站，总储料能力达到 10 万 t 以上。农户、秸秆经纪人或农业合作组织将秸秆收集后运到秸秆收储站，进行统一打捆，以提高运输的效率。根据柴油打捆机的相关运行数据可知，打捆机的能源消耗为 35.18L/h，在原料充足的情况下，每台打捆机每小时可以打捆 50 个（每捆质量为 400kg），则每收获 1t 秸秆消耗能量为 59.16MJ。玉米秸秆需求量按照 1.4kg/kW·h 计算，因此每发电 1 万 kW·h 需要玉米秸秆 14 000kg，收获这些玉米秸秆需要消耗能量 828.24MJ。

2. 秸秆运输阶段

根据秸秆收集的实际情况，将秸秆运输分为两个阶段：第一阶段是由田地运输到秸秆收储站，此阶段秸秆的运量小、运距短（约 5km），主要运输工具为农用柴油拖拉机，单车平均运量为 2t，单位里程耗油为 6L/100km，柴油的热值为

44MJ/kg，则每吨秸秆短距离运输所需的平均能量为 5.68MJ。第二阶段为收储站运输到发电厂，此阶段秸秆的运输主要采用大型卡车，单位里程耗油为 35L/100km，单车平均运量为 8t。根据前期研究成果可知，玉米秸秆第二阶段的平均运输距离约为 12.15km[33]。根据以上数据计算可得，每吨秸秆第二阶段运输所需的平均能量为 20.11MJ。综合两阶段运输的能量消耗，每吨秸秆运输所需的总能量为 25.79MJ。根据玉米秸秆运输量 14 000kg 可知，运输秸秆需要消耗能量 361.06MJ。在运输阶段，污染物排放的主要来源是燃油在生产和燃烧过程中产生的排放物。根据燃油生产和燃烧的排放系数，可以计算出运输过程中的污染物排放量。

3. 发电厂运行阶段

发电厂运行发电阶段主要包括秸秆的预处理和秸秆燃烧两个阶段。秸秆预处理阶段主要包括粉碎和干燥。在秸秆直燃发电系统中，秸秆粉碎和干燥、燃烧发电过程所需的能量由系统自身的发电量提供，不需要耗能。在预处理阶段，粉碎、干燥 100kg 玉米秸秆耗煤量为 4.72kg，排放 CO_2 11.81kg、SO_2 0.09kg、NO_x 0.06kg、烟尘 0.59kg[22]。在发电厂运行阶段每发电 1 万 kW·h，秸秆预处理需要消耗燃煤 660.8kg，消耗能量 19 368.05MJ，排放 CO_2 1 653.40kg、SO_2 12.6kg、NO_x 8.40kg、烟尘 82.60kg。在发电过程中，燃烧 100kg 玉米秸秆排放 CO_2 139.43kg、SO_2 0.15kg、NO_x 0.57kg、烟尘 5.58kg，输出电能 73.25kW·h[22]。综合以上数据可知，在发电厂运行阶段每发电 1 万 kW·h，需要消耗标准煤 660.8kg、玉米秸秆 14 000kg，向大气排放 CO_2 1 653.4kg、SO_2 33.60kg、NO_x 88.20kg、烟尘 668.5kg。

7.4.3 清单汇总

1. 能耗汇总

在整个秸秆直燃发电系统中，燃烧发电过程的能量由系统自身的发电量提供，在计算总能耗时，仅计算燃料获取、运输和秸秆预处理阶段的能耗。计算结果表明：玉米秸秆直燃发电系统每发电 1 万 kW·h，在秸秆获取阶段、运输阶段和预处理阶段能量的输入分别为 828.24MJ、361.06MJ 和 19 368.05MJ，总能量输入为 20 557.35MJ。

2. 污染排放汇总

将秸秆发电各个阶段（秸秆种植获取、秸秆运输、发电厂运行）的环境污染物排放数据进行汇总，可以得到秸秆直燃发电系统全生命周期污染物的输出数据，如表 7-1 所示。由于在玉米秸秆的种植过程中，不计算其吸收的 CO_2 及燃烧产生的 CO_2 排放量。秸秆直燃发电系统每发电 1 万 kW·h 所需的玉米秸秆在秸秆种植获取阶段共排放 CO_2 1 773.89kg。综合各阶段数据可知，秸秆直燃发电系统每发电 1 万 kW·h，共排放 CO_2 3 460.03kg、烟尘 668.50kg、SO_2 34.16kg、NO_x 88.71kg。与同等规模的火力发电厂相比，秸秆直燃发电系统可以减少 65% 的 CO_2 排放量。

表 7-1　秸秆直燃发电全生命周期污染物输出数据　单位：kg/万 kW·h

污染物	秸秆种植获取阶段	秸秆运输阶段	电厂运行阶段		总输出
			预处理	燃烧发电	
CO_2/kg	1 773.89	32.74	1 653.40	0.00	3 460.03
SO_2/kg	0.46	0.10	12.60	21.00	34.16
NO_x/kg	0.45	0.06	8.40	79.80	88.71
烟尘/kg	0.00	0.00	82.60	585.90	668.50
HC/kg	0.01	0.00	0.00	0.00	0.01
CO/kg	0.35	0.01	0.00	0.00	0.36

7.4.4 影响评价

生命周期影响评价主要是对识别出的环境影响进行定性或定量的评价[29]。按照国际标准化组织的 ISO 14040 定义的框架，影响评价包括环境影响类型划分、环境干扰因子的特征化和标准化处理、环境影响潜值的加权评估。影响评价可以使人们更好地理解清单分析结果，分析和比较不同环境影响类型对环境造成的损害程度，并且通过改进系统分析与设计减少系统对环境的影响[34]。

按照环境影响类型，对清单分析中的计算结果进行划分，进而计算其所产生的不同环境影响潜值。然后将得到的环境影响潜值进行标准化（无量纲化）及加权处理，据此分析和比较不同环境影响类型对环境损害的严重性，同时分析秸秆直燃发电系统不同阶段产生的环境影响特点。

秸秆直燃发电生命周期评价模型如图 7-5 所示。

1. 环境影响分类

环境影响根据其影响范围可分为全球性影响、区域性影响和局地性影响[22]。全球性影响包括枯竭性资源消耗、全球变暖、臭氧层破坏等带来的影响；区域性影响包括可再生资源消耗、大气酸化、光化学臭氧层形成、水体富营养化等带来的影响；局地性影响包括人体毒性、水体生态毒性、固体废弃物、烟尘及灰尘等带来的影响。一种排放输出可能对一种影响类型有贡献，也可能涉及几种影响类型，因此，清单分析中的输入和输出要根据环境影响类型进行分类[18]。

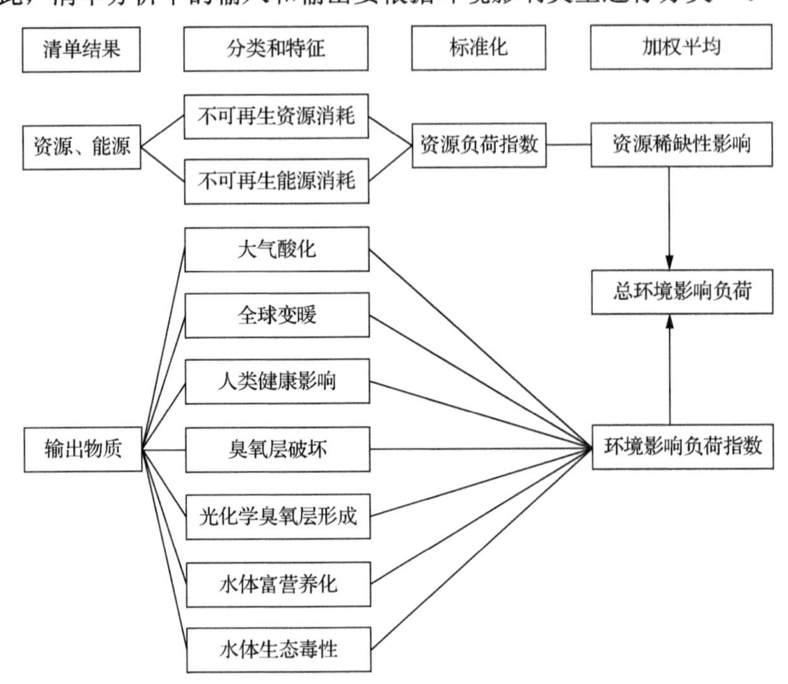

图 7-5　秸秆直燃发电生命周期评价模型

秸秆直燃发电生命周期评价中环境影响负荷主要包括能源消耗、资源消耗和污染物排放。其中，能源消耗主要是电能的消耗；资源消耗主要是玉米秸秆、原油的消耗；污染物排放主要是全球变暖、大气酸化和水体富营养化及烟尘。

2. 环境影响潜值计算

环境影响潜值是将整个系统中所有相同的环境排放影响相加得到的总和。同类污染物通过当量系数（表 7-2）转换为参照物的环境影响潜值，其中，CO_2 作为全球变暖潜力（global warming potential，GWP）的参照物，SO_2 为环境酸化的参照物，富营养化以 NO_3^- 为参照物分别计算[5]。环境影响潜值计算公式为

$$\mathrm{EP}(m)=\sum \mathrm{EP}(m)_n=\sum[Q(m)_n \mathrm{EF}(m)_n] \tag{7-1}$$

式中，$\mathrm{EP}(m)$ 为产品生命周期中第 m 种环境影响潜值；$\mathrm{EP}(m)_n$ 为第 n 种排放物的第 m 种环境影响潜值；$Q(m)_n$ 为第 n 种物质的排放量；$\mathrm{EF}(m)_n$ 为第 n 种排放物的第 m 种环境影响的当量因子。秸秆直燃发电系统每发电 1 万 kW·h 生命周期各阶段各种环境影响的影响潜值如表 7-3 所示。

表 7-2　主要环境影响类型和当量因子

影响类型	环境干扰因子	当量因子	
全球变暖	CO_2	1	CO_2 当量
	CH_4	21	
	NO_x	320	
	N_2O	290	
酸化	SO_2	1	SO_2 当量
	NO_x	0.7	
富营养化	NO_3^-	1	NO_3^- 当量
	NO_x	1.35	
烟尘	TSP	1	TSP 当量

表 7-3　秸秆直燃发电系统每发电 1 万 kW·h 生命周期各阶段的环境影响潜值

影响类型	秸秆种植获取	秸秆运输	发电厂运行	总潜值
全球变暖潜值 kg/a CO_2 当量	1 919.17	50.34	29 877.40	31 846.91
酸化影响潜值 kg/a SO_2 当量	0.32	0.04	95.90	96.26
富营养化潜值 kg /a　NO_3^- 当量	0.61	0.07	119.07	119.75
烟尘 kg /a TSP 当量	0.00	0.00	668.50	668.50

3. 环境影响潜值的标准化

由于各种环境影响潜值具有不同的量纲，无法进行直接比较，因此，需要将各种类型的环境影响潜值进行标准化处理。本章采用 1990 年全社会环境潜在总影响作为标准化基准[29]，得到秸秆直燃发电系统的环境污染潜值相对于整个社会活动所造成的环境影响的程度。标准化的计算公式为

$$\mathrm{NEP}(m) = \mathrm{EP}(m) / \mathrm{ER}(m) \tag{7-2}$$

式中，$\mathrm{NEP}(m)$ 为第 m 种环境影响潜值标准化后的值，单位：标准人当量；$\mathrm{EP}(m)$ 为秸秆直燃发电系统中的第 m 种环境影响潜值；$\mathrm{ER}(m)$ 为标准化基准，是 1990 年全社会的第 m 种环境影响潜值。

4. 加权评估及环境影响负荷

为了比较不同环境影响类型的相对严重性，需要对标准化的影响潜值进行加权处理。针对不同影响类型对环境的损伤程度赋予不同权重，以更加合理地评价秸秆直燃发电系统的环境影响。权重的确定采用“目标距离”方法，即某种环境影响的严重性用该环境影响全社会当前水平与全社会给定的目标水平之间的比值来表示权重[18]。

权重因子的确定公式：

$$WF(m)=ER(m)_{base}/ER(m)_{aim} \tag{7-3}$$

式中，$WF(m)$ 为第 m 种环境影响类型的权重因子；$ER(m)_{base}$ 为 1990 年第 m 种环境影响潜值；$ER(m)_{aim}$ 为目标年份第 m 种环境影响潜值。

秸秆直燃发电系统每发电 1 万 kW·h 的标准化及加权后的环境影响潜值如表 7-4 所示。根据权重对标准化后的环境影响潜值进行加权分析，得出在直燃发电过程中的主要环境影响加权后的环境影响潜值。将各种影响潜值相加可以计算出秸秆直燃发电系统每发电 1 万 kW·h 的总环境影响负荷为 29.05 标准人当量。加权后结果表明，在发电过程中，产生的主要环境影响为烟尘的排放，其次为生物质燃烧发电产生的全球变暖及排放的 SO_2 和 NO_x 造成的酸化环境影响。

表 7-4　秸秆直燃发电系统每发电 1 万 kW·h 的标准化及加权后的环境影响潜值

影响类型	影响潜值	标准化基准 kg/（人·a）	标准化后的影响潜值/标准人当量	权重因子	加权后影响潜值/标准人当量
全球变暖	31 846.91	8 700（CO_2 当量）	3.66	0.83	3.04
酸化	96.25	36（SO_2 当量）	2.67	0.73	1.95
富营养化	119.76	62（NO_3^- 当量）	1.93	0.73	1.41
烟尘	668.50	18	37.14	0.61	22.65

7.4.5 结果汇总

本章以黑龙江省国能望奎生物发电有限公司玉米秸秆直燃发电系统为研究对象，分析了每发电 1 万 kW·h 的能源消耗和污染物排放，得出以下结论。

1）玉米秸秆直燃发电系统全生命周期生产 1 万 kW·h 电量的总能源输入为 20 557.35MJ，其中秸秆预处理阶段的能量消耗为 19 368.05MJ，占总能量输入的 94%。玉米秸秆在各生命周期内的能源消耗分别为燃料获取阶段 828.24MJ、燃料运输阶段 361.06MJ。

2）玉米秸秆直燃发电系统每发电 1 万 kW·h 向大气排放 CO_2 3 460.03kg、烟尘 668.50kg、SO_2 34.16kg、NO_x 88.71kg。与同等规模的火力发电相比，该发电系统可以减少 CO_2 排放量 6 540kg/万 kW·h，比例约为 65%。由于秸秆的硫分较低，SO_2 排放量也比常规的火力发电少得多。

3）玉米秸秆直燃发电系统每发电 1 万 kW·h 的环境影响总负荷为 29.05 标准人当量，其中全球变暖加权后的影响潜值为 3.04，酸化的加权影响潜值为 1.95，富营养化的加权影响潜值为 1.41，烟尘的加权影响潜值为 22.65。可以看出，烟尘的影响潜值远远大于全球变暖、酸化和富营养化的影响潜值。由于秸秆灰中碱金属含量较高，烟气在高温时具有较高的腐蚀性，因此需要使用除尘效率相对较高的除尘器以保障设备长期可靠运行。在除尘效率达到 90%的情况下，秸秆直燃发电系统的烟尘加权影响潜值将降低至 5.45，环境影响总负荷也将减少至 11.85 标准人当量。因此，本章建议国家积极制定相应的环境标准，强制秸秆发电厂完善除尘设备，以减少烟尘的排放量，降低对环境的负面影响。

参 考 文 献

[1] DEMIRABAS A. Combustion characteristics of different biomass fuels[J]. Progress in energy and combustion science, 2004, 30(2):219-230.

[2] FENKINS B M, BAXTER L L, MILES JR T R, et al. Combustion properties of biomass [J]. Fuel processing technology, 1998, 54:17-46.

[3] 乐园，李龙生．秸秆类生物质燃烧特性的研究[J]．能源工程，2006（4）：30-33.

[4] 王雅鹏，孙凤莲，丁文斌，等．中国生物质能源开发利用探索性研究[M]．北京：科学出版社，2010.

[5] 吴金卓，马琳，林文树．生物质发电技术和经济性研究综述[J]．森林工程，2012，28（5）：102-106.

[6] 李海滨，袁振宏，马晓茜．现代生物质能利用技术[M]．北京：化学工业出版社，2012.

[7] 张培栋，杨艳丽，李光全，等．中国农作物秸秆能源化潜力估算[J]．可再生能源，2007，25（6）：80-83.

[8] 孙永明，袁振宏，孙振钧，等．中国生物质能源与生物质利用现状与展望[J]．可再生能源，2006，24（2）：78-82.

[9] 傅友红，樊峰鸣，傅玉清．我国秸秆发电的影响因素及对策[J]．沈阳工程学院学报，2007（3）：68-72.

[10] 张艳丽，王飞，赵立欣，等．我国秸秆收储运系统的运营模式，存在问题及发展对策[J]．可再生能源，2009，27（1）：1-5.

[11] 段林玲．生物质发电项目风险管理研究[D]．北京：华北电力大学，2008.

[12] 刘黎娜，王效华．沼气生态农业模式的生命周期评价[J]．中国沼气，2008，26（2）：17-24.

[13] 杨建新，徐成．产品生命周期评价方法及应用[M]．北京：气象出版社，2002.

[14] 王明新，包永红，吴文良，等．华北平原冬小麦生命周期环境影响评价[J]．农业环境科学学报，2006，25（5）：1127-1132.

[15] 李胜，路明，杜风光．中国小麦燃料乙醇的能量收益[J]．生态学报，2007（9）：3794-3800.

[16] 胡志远，谭丕强，楼狄明，等．不同原料制备生物柴油生命周期能耗和排放评价[J]．农业工程学报，2006，22（11）：141-146.

[17] 冯超，马晓茜．秸秆直燃发电的生命周期评价[J]．太阳能学报，2008，29（6）：711-715.

[18] 邹治平，马晓茜．太阳能热力发电的生命周期评价[J]．可再生能源，2004（2）：12-15.

[19] 赵红颖．生物质发电的生命周期评价[D]．成都：西南交通大学，2010.

[20] WENZEL H, HAUSCHILD M, ALTING L. Environmental assessment of products. volume 1: methodology, tools, and case studies in product development [M]. London: Chapman and Hall, 1997.

[21] GOEDKOOP M, SPRIENSMA R. The eco-indicator 99: a damage oriented method for life cycle impact assessment [M]. Amersfoort: The Netherlands PRé Consultants, 1999.

[22] JOLLIET O, MARGNI M, CHARLES R, et al. IMPACT 2002+: a new life cycle impact assessment methodology[J].

International journal of life cycle assessment, 2003, 8(6):324-330.

[23] MANN M K, SPATH P L. Life cycle assessment of a biomass gasification combined-cycle power system [R]. U.S. Department of Energy, 1997.

[24] MATTHEWS R W, MORTIMER N D. Estimation of carbon dioxide and energy budgets of wood-fired electricity generation system in Britain[J]. IEA bioenergy, 2000, 25: 59-78.

[25] CARPENTIERI M, CORTI A, LOMBARDI L. Life cycle assessment (LCA) of an integrated biomass gasification combined cycle (IBGCC) with CO_2 removal[J]. Energy conservation and management, 2005, 46: 1790-1808.

[26] 贾友见，余志，吴创之．4MWe 生物质气化联合循环发电系统的寿命周期评价[J]．太阳能学报，2004，25（1）：56-62.

[27] 崔和瑞，艾宁．秸秆气化发电系统的生命周期评价研究[J]．技术经济，2010，29（11）：70-74.

[28] 廖艳芬，马晓茜．生物质能利用技术控制污染物排放的作用[J]．环境污染与防治，2006，28（5）：369-372.

[29] 刘俊伟，田秉晖，张培栋，等．秸秆直燃发电系统的生命周期评价[J]．可再生能源，2009，27（5）：102-106.

[30] 赵建波．保护性耕作对农田土壤生态因子及温室气体排放的影响[D]．泰安：山东农业大学，2008.

[31] 郭耀东，郇刚，武小平，等．不同施肥方式对玉米产量和温室气体排放的影响[J]．山西农业科学，2012，40（10）：1067-1070.

[32] YANG Q, CHEN G Q. Greenhouse gas emissions of corn-ethanol production in China[J]. Ecological modelling, 2013, 252:176-184.

[33] 吴金卓，林文树，王立海．秸秆发电企业燃料供应成本优化模型及应用[J]．物流技术，2014，34（3）：257-261.

[34] SAUR K, GEDIGA J, HESSELBACH J, et al. Life cycle assessment as an engineering tool in the automotive industry[J]. International journal of life cycle assessment, 1996, 1(1):15-21.

第 8 章　秸秆-煤混燃发电系统环境影响评价

生物质与煤的混燃是可再生能源和化石能源综合利用的一种形式。混合燃烧是将生物质燃料和化石燃料按照一定的比例投入炉膛，采用两种燃料在锅炉中混合燃烧替代煤单一燃烧，混燃技术在生物质能利用中具有重要地位[1]。

本章以位于黑龙江省大庆市大同区的新华火力发电厂为例，假设将该发电厂改造成混燃发电厂，生物质掺混比例为 5%，采用生命周期评价方法对该发电厂煤与生物质混燃发电系统生命周期内的能源消耗和环境影响进行评价，并与火力发电进行对比分析。研究结果将有利于制定积极有效的节能减排改善措施，以便于混燃发电在黑龙江地区的可持续发展。

8.1　混燃发电项目推广的意义

目前，全球面临着日益严重的资源环境问题，这使各国将能源研究重点逐步转向新能源的开发与利用。其中，生物质能以其清洁、环保、可得性强等特点成为具有潜力的新能源之一[2]。生物质发电中的秸秆发电技术是比较成熟的，但是发电成本要比燃煤发电高很多，而且由于农作物秸秆具有分布分散、能量密度低，大规模收集、储存和运输的费用较高，以秸秆为燃料的生物质发电厂规模受到原料收集半径的限制，装机容量通常为兆瓦级，且与煤电相比发电效率较低，为 20%～30%[3]。特别地，当农作物秸秆收集达到一定数量的时候，燃料的成本问题会愈加明显。而我国的能源结构以燃煤发电为主，在火力发电的过程中造成了非常严重的环境问题。生物质混燃发电是将少量的生物质与煤混合发电，既能在一定程度上降低燃煤发电造成的环境污染，又能在成本上为发电厂所接受，因此是一种近期可以实现的、相对低成本的发电模式[4]。

根据国外长期的运行经验，生物质与煤混燃模式主要有 3 种：直接混合燃烧（direct co-firing）、间接混合燃烧（indirect co-firing）和并联混燃（parallel co-firing）[5]。目前，国内主要应用的是直接混合燃烧，后两种技术在国内还没有运行记录。与生物质直燃相比，生物质混燃发电厂开发所需资金较少，建设时间较短，而对原料的供应与价格方面都相对灵活，发展制约不明显。从技术上看，生物质混燃发电的发电效率也高于“秸秆纯燃”发电厂[6]。我国现有的研究与实践表明，生物质与煤混燃发电技术适合我国基本国情，而我国秸秆资源结构的特点也为混燃发电的规模化发展提供了有利条件。

作为全国粮食的主产区，黑龙江省适于种植水稻、小麦、玉米、高粱、大豆、薯类及油料作物等[7]。2016 年，黑龙江省产出农作物秸秆超过 9 000 万 t。同时，黑龙江省也是我国重要的能源工业基地，是主要的煤炭调出省之一。黑龙江省四大产煤城市（鹤岗市、鸡西市、七台河市、双鸭山市）每年为全国提供 5 000 多万 t 煤炭。因此，该地区具备大力发展混燃发电的先决条件。

8.2　秸秆与煤混合燃烧技术

8.2.1　直接混合燃烧

直接混合燃烧是指经前期处理的秸秆直接送入燃煤锅炉中使用，可分为以下 4 种形式[4]。

1）将秸秆燃料与煤在给煤机的上游混合，然后送入磨煤机，按混合燃烧要求的速度分配所有的粉煤燃烧器。

2）将秸秆搬运、计量和粉碎，设备独立，然后输送至管路或燃烧器。

3）将秸秆的搬运和粉碎独立，并使用专用燃烧器燃烧。

4）将秸秆作为再燃燃料，控制 NO_x 的生成。

直接混合燃烧可采用层燃、流化床和粉煤炉等燃烧方式。生物质与煤混合燃烧流程示意图如图 8-1 所示。

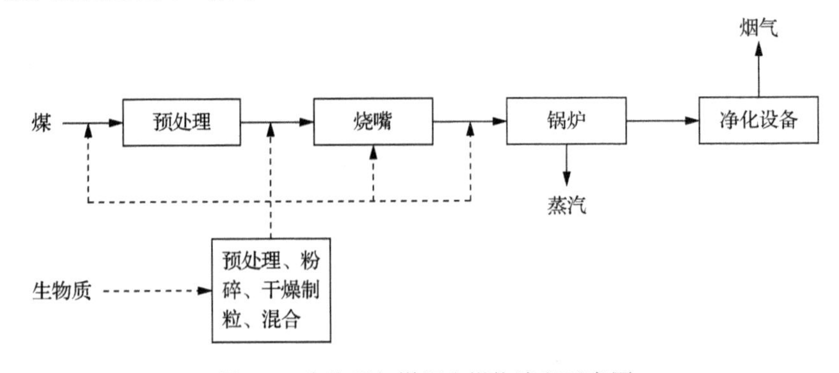

图 8-1　生物质与煤混合燃烧流程示意图

8.2.2　间接混合燃烧

间接混合燃烧是指生物质气化之后，将产生的生物质燃气输送至锅炉燃烧。这相当于用气化器替代粉碎设备。间接混合燃烧不需要气体净化和冷却，其投资成本较低，气化产物在 800～900℃时通过热烟气管道进入燃烧室，锅炉运行时存在一定风险。替代方案是在生物质燃气进入锅炉燃烧前先冷却和净化。

8.2.3　并联燃烧

并联燃烧是指生物质在独立的锅炉燃烧，将产生的蒸汽供给发电机组。并联燃烧使用了完全分离的生物质燃烧系统，产生的蒸汽用于主燃煤锅炉系统，提高了工质参数，其转化效率高。间接混合燃烧和并联燃烧装置的投资高于直接混合燃烧装置的投资，但可利用难以使用的燃料，可分离生物质灰和粉煤灰。

8.3　生物质混燃发电国内外研究现状

国内外学者对生物质与煤混燃做了大量的理论和实验研究。例如，Wang 等[8]利用热重分析-傅里叶变换红外光谱联用（thermogravimetric analysis and Fourier transform infrared spectroscopy，TGFTIR）技术研究了小麦秸秆与无烟煤掺混燃烧的情况，在污染物排放量随温度逐渐上升的条件下，得出煤掺混比例为 40%时污染物排放量最少的结论。

张小英等[9]在小型循环流化床实验台上对谷壳与煤混燃排放 SO_2 的研究发现，谷壳与煤的质量比由 0 变化至 25%时，燃烧产物 SO_2 的体积浓度由 300μL/L 降为 120μL/L。

考虑到混燃发电面临的主要技术障碍是混燃生物质导致的锅炉积灰结渣问题，李至[10]对影响灰渣熔融特性的因素进行了综合分析并结合 CFD（computational fluid dynamics，计算流体力学）模拟对煤粉锅炉积灰结渣问题进行了分析。

在工业应用方面，全球有数百座生物质混燃发电站[11]。生物质混燃技术在美国、芬兰、丹麦、德国、奥地利、西班牙等国家有着广泛的应用。大部分的生物质混燃发电厂的装机容量为 50～700MW[11]。在美国有 40 多个生物质混燃商业示范项目，其燃料来源广泛，包括能源作物、草本作物、木本作物等，在燃料收集、储存与处理方面运行良好，在效率、污染物排放、经济性方面也可以接受。在欧洲上百个生物质混燃发电站项目中，采用直接混合燃烧技术的最普遍。我国自 2006 年以来生物质发电项目取得了很大进展，但是受到政策因素的制约，多数项目是生物质直燃项目，生物质混燃项目非常少。

国内外研究结果和大量的工业应用表明，生物质混燃发电在技术上是可行的，在经济上也是可以接受的。通过合理地选择燃料、运行参数，能够尽量降低混燃项目中的绝大多数负面影响。

8.4　环境影响评价实例分析

大庆新华火力发电厂（图 8-2）为常规燃煤发电厂，其装机容量为 530MW。假设将该发电厂改造为生物质与煤混燃发电系统（生物质掺混量为 5%，能量百分比），采用直接混合燃烧发电工艺，将生物质能原料与煤混合直接燃烧。设定发电厂年发电时间为 6 000h，混燃发电效率为 32%。标准煤消耗量按照国家统计局 1kW·h 需要 0.404kg 标准煤来估算，玉米秸秆消耗量按照 1.4kg 计算。发电厂所需的煤炭主要从周边的七台河市、鸡西市、双鸭山市、黑河市运至大庆市。以发电厂为中心的 30km 半径内，有高台子镇、兴隆泉乡、八井子乡、双榆树乡、庆阳山乡、杏树岗镇、昌德镇（安达市）、太阳升镇、老山头乡，秸秆年产量在 100 余万 t，为该地区的秸秆能源化利用提供了基础。本章以煤与生物质混燃系统每生产 1 万 kW·h 电能需要的能耗和所造成的环境影响进行分析和评价。

图 8-2　大庆新华火力发电厂

8.4.1　确定生命周期系统边界

在确定混燃发电系统生命周期系统边界时，缺乏各种设备和厂房的制造及退役的数据，因此，并未将其纳入研究范围之内。本章中混燃发电的生命周期主要包括 3 个阶段，分别是秸秆与煤获取阶段、秸秆与煤运输阶段和发电厂运行阶段，如图 8-3 所示。

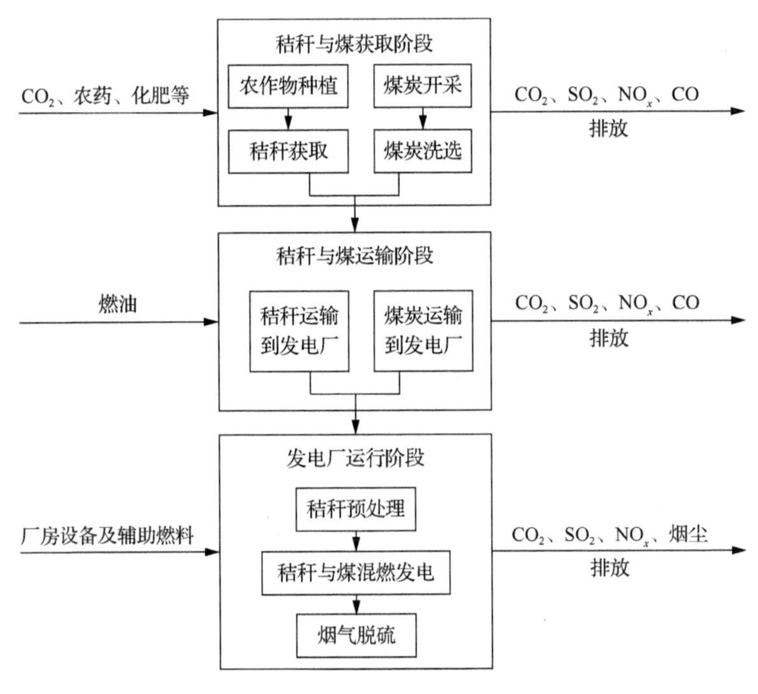

图 8-3　煤与生物质秸秆混燃发电系统的边界划分

8.4.2 清单分析

1. 秸秆与煤获取阶段

秸秆与煤获取阶段包括玉米秸秆收获阶段与煤炭开采加工阶段。尽管玉米秸秆是玉米种植过程中产生的副产物，但是仍具有一定的经济价值。本章设定玉米秸秆在种植过程中的能源消耗和污染物排放占整个玉米种植过程的8.5%。玉米秸秆的收储运是实现能源化利用的基础。秸秆收储运公司对秸秆实行分散收集、统一储运管理。农户或秸秆经纪人将秸秆收集后运到秸秆收储站，进行统一打捆，以提高运输的效率。因此，秸秆收获阶段包括秸秆的短距离运输和秸秆打捆。本章中秸秆的短距离运输在运输阶段予以计算，在获取阶段仅考虑秸秆打捆机械在使用过程中的燃油消耗。根据柴油打捆机的相关运行数据可知，打捆机的能源消耗为35.18L/h，在原料充足的情况下，每台打捆机每小时可以打捆50个（每捆质量450kg），则每收获1t秸秆消耗能量为59.16MJ。混燃发电厂每发电1万kW·h，需要消耗秸秆700kg，能量为41.41MJ。

煤炭开采加工过程中的污染物排放主要来源于自身开采加工过程的排放和能源输入间接带来的排放。煤炭在开采阶段的污染物排放包括煤层气、附属的电能及柴油的生产和使用。根据煤炭开采方式和开采技术的不同，煤炭开采过程中所消耗的资源和污染物排放也不尽相同。为了保持数据的统一性，本章采用美国能源部技术实验室关于燃煤开采的相关研究成果来核算煤炭获取过程中的能耗和污染物排放[12]。

2. 秸秆与煤燃料运输阶段

煤炭运输过程中的能源消耗可以由燃料的消耗量与对应各过程的能耗因子计算得到。煤炭主要从七台河市、鸡西市、双鸭山市、黑河市通过铁路运至大庆市，平均运距为720km。假定火车的单位载重单位里程燃料消耗为0.007 2kg/(t·km)[13]，则每吨煤运输所需的柴油为5.184kg，消耗能量为228.10MJ。另外，在铁路运输过程中大约1%的煤炭会因随风抛撒、扬尘等原因而被损耗，每运达1t煤的煤炭消耗量约为10.10kg[14]。计算得到，混燃发电系统中运输生产1万kW·h电能所需的煤炭需要消耗柴油20.27kg。

根据秸秆燃料收集的实际情况，将秸秆运输分为两个阶段：第一阶段是由田地运输到秸秆收储站，此阶段运量小、运距短（约5km），主要运输工具为农用柴油拖拉机，单车平均运量为2t，单位里程耗油为6L/100km，柴油的热值为44MJ/kg，则每吨秸秆短距离运输所需的平均能量为5.68MJ；第二阶段为由收储站运输到电厂，主要采用大型卡车运输，单位里程耗油为35L/100km，单车平均运量为8t，秸秆收储站与发电厂的平均距离为 30km，则秸秆长距离运输所需的平均能量为 49.67MJ/t。综合两个阶段运输的能量消耗，秸秆运输所需的总能量为 55.34MJ/t。按照运输 700kg 玉米秸秆计算，可知需要的能量为 38.74MJ。经计算，运输生产 1 万 kW·h 电能所需的燃料玉米秸秆需要消耗柴油 0.88kg。

在运输阶段，污染物排放的主要来源是柴油在生产和燃烧过程中产生的排放物。根据柴油生产和燃烧的排放系数（表 8-1），可以计算出运输过程中的污染物排放量[15]。另外，在运输过程中由于煤炭遗撒而产生的粉煤尘也会造成大气污染。

表 8-1　1MJ 柴油生产和燃烧的排放系数

阶段	排放物				
	CO_2	CO	SO_x	NO_x	HC
柴油生产/（g/MJ）	16.008	0.016	0.029	0.041	0.001
柴油燃烧/（g/MJ）	74.674	0.014	0.253	0.112	0.007

3. 发电厂运行阶段

此阶段为秸秆与煤混合燃烧发电阶段。发电厂运行在发电过程主要包括秸秆的预处理、煤与秸秆混燃发电及脱硫两个阶段。秸秆预处理阶段主要包括粉碎和干燥。在混燃发电系统中，秸秆粉碎和干燥、燃烧发电过程所需的能量由系统自身的发电量提供，不需要耗能。在预处理阶段，粉碎、干燥 100kg 玉米秸秆耗煤量为 4.72kg，排放 CO_2 11.81kg、SO_2 0.09kg、NO_x 0.06kg、烟尘 0.59kg[16]。在发电厂运行预处理阶段每发电 1 万 kW·h，秸秆预处理需要消耗燃煤 33.04kg，消耗能量 968.40MJ，排放 CO_2 82.67kg、SO_2 0.63kg、NO_x 0.42kg、烟尘 4.13kg。在发电过程中，燃烧 100kg 玉米秸秆排放 CO_2 139.43kg、SO_2 0.15kg、NO_x 0.57kg、烟尘 5.58kg，输出电能 73.25kW·h[16]。玉米秸秆在燃烧过程中排放出的 CO_2 与其生长过程中所吸收的一样多，所以秸秆燃烧对环境的 CO_2 净排放量为零[17]。由玉米秸秆能量掺混比例为 5%可知，混燃发电厂每发电 1 万 kW·h，燃烧发电过程需要消耗标准煤 3 838kg。混燃发电厂发电过程中的煤炭燃烧排放数据根据常规燃煤发电厂的污染物排放因子进行核算[12,13, 18]。

8.4.3　清单汇总

1. 能耗汇总

在煤与生物质混合燃烧发电系统中，燃烧发电过程中所需的能量由系统自身的发电量提供。在计算生命周期总能耗时，仅计算燃料获取、运输和发电厂运行阶段的能耗。根据燃煤与秸秆每千瓦时消耗量及秸秆预处理所需的燃煤量计算可知，煤与生物质混燃发电系统每发电 1 万 kW·h，消耗标准煤 3 871.044kg、秸秆 700kg。秸秆燃料在获取阶段、运输阶段和预处理阶段能量的输入分别为 41.41MJ、38.74MJ、968.40MJ，总能量输入为 1 048.55MJ。

混燃发电系统中燃煤全生命周期每生产 1 万 kW·h 电量的输入数据如表 8-2 所示。煤炭的消耗主要发生在发电厂发电阶段，约占整个生命周期的 98%，在燃料获取（煤炭开采）和运输阶段也有一定的消耗。柴油为主要的燃料油，其消耗量为 21.28kg，主要用于燃煤的运输。在煤炭开采和燃烧发电阶段都需要消耗电能，合计消耗为 606.68kW·h。

表 8-2　混燃发电系统中燃煤全生命周期每生产 1 万 kW·h 电量的输入数据

资源	秸秆与煤获取阶段	秸秆与煤运输阶段	发电厂运行阶段	合计
煤/kg	36.20	39.49	3 871.04	3 946.73
钢材/kg	10.12	0.00	0.00	10.12
木材/kg	10.84	0.00	0.00	10.84
石灰石/kg	0.00	0.00	45.03	45.03
汽油/kg	1.43	0.00	0.00	1.43
柴油/kg	1.01	20.27	0.00	21.28
水/kg	6 538.39	0.00	31 249.87	37 788.25
电/kW·h	98.88	0.00	507.80	606.68

注：发电厂运行阶段的煤炭消耗包括燃烧发电消耗 3 838kg 和秸秆预处理所需的燃煤消耗 33.04kg。

综合来看，燃料煤在开采获取阶段、运输阶段和发电阶段的总能量输入为 85 815.47MJ。因此，煤与生物质混燃发电系统全生命周期生产 1 万 kW·h 电量的总能源输入为 86 864.02MJ。

2. 污染物排放汇总

将混燃发电各个阶段（秸秆与煤获取阶段、秸秆与煤运输阶段、发电厂运行阶段）的环境污染物排放数据进行汇总，可以得到煤与玉米秸秆混燃发电系统（5%生物质，能量百分比）全生命周期污染物的输出数据（表 8-3 和表 8-4）。由于在玉米秸秆的种植过程中吸收的 CO_2 与燃烧过程中排放的 CO_2 相抵消，因此，不计算其燃烧产生的碳排放量。计算结果表明，混燃发电系统（5%生物质，能量百分比）每发电 1 万 kW·h，共排放 CO_2 9 681.91kg，其中燃烧发电过程占 98%。其他主要的大气污染物排放包括烟尘 859.92kg、SO_2 35.24kg、NO_x 33.27kg、CH_4 30.59kg。与同等规模的火力发电相比，混燃发电系统（5%生物质，能量百分比）可以减少 CO_2 排放量 0.032kg/kW·h。

表 8-3　混燃发电系统每生产 1 万 kW·h 秸秆全生命周期污染物输出数据　单位：kg

污染物	秸秆与煤获取阶段	秸秆与煤运输阶段	发电厂运行阶段		总输出
			预处理	燃烧发电	
CO_2	3.76	3.51	82.67	—	89.94
SO_2	—	—	0.63	1.05	1.68
NO_x	0.006	0.006	0.42	3.99	4.42
烟尘	—	—	4.13	39.06	43.19
HC	0.000 3	0.000 3	—	—	0.000 6
CO	0.001	0.001	—	—	0.002

表 8-4　混燃发电系统每生产 1 万 kW·h 燃煤全生命周期污染物输出数据　单位：kg

污染物	秸秆与煤获取阶段	秸秆与煤运输阶段	发电厂运行阶段	总输出
CO_2	82.37	66.60	9 443.00	9 591.97
CO	0.03	0.01	10.09	10.13
SO_2	0.71	0.23	32.62	33.56
NO_x	0.35	0.10	28.40	28.85
N_2O	0.01	0.00	0.03	0.04
CH_4	18.91	0.00	11.69	30.59
NMHC	0	0.01	1.91	1.92
TSP	8.84	40.28	767.60	816.73
煤矸石	1 007.9	0	0	1 007.9
尾矿	29.97	0	0	29.97
固体废弃物	0	0	1 840.7	1 840.7
粉煤灰	0	0	0.97	0.97
炉渣	0	0	0.23	0.23
废水	0	0	19 470	19 470
铅	0	0.104	0.000 6	0.104 6

8.4.4　影响评价

1. 环境影响分类

混燃发电生命周期评价中环境影响负荷主要包括能源消耗、资源消耗和污染物排放。其中，能源消耗主要是电能的消耗；资源消耗主要是原煤、生物质、原油的消耗；污染物排放的环境影响负荷类型主要有全球变暖、酸化、富营养化及烟尘。

2. 环境影响潜值计算

环境影响潜值是将整个系统中所有相同的环境排放影响相加得到的总和。同类污染物通过当量系数转换为参照物的环境影响潜值，其中，CO_2 作为全球变暖潜力的参照物，SO_2 为酸化的参照物，NO_3^- 为富营养化的参照物分别计算[18]。环境影响潜值计算公式为

$$EP(m)=\sum EP(m)_n=\sum[Q(m)_n EF(m)_n] \tag{8-1}$$

式中，$EP(m)$ 为混燃发电系统产品生命周期中第 m 种环境影响潜值；$EP(m)_n$ 为混燃发电系统第 n 种排放物的第 m 种环境影响潜值；$Q(m)_n$ 为混燃发电系统第 n 种物质的排放量；$EF(m)_n$ 为混燃发电系统第 n 种排放物的第 m 种环境影响的当量因子。

混燃发电系统每发电 1 万 kW·h 生命周期各阶段环境影响潜值如表 8-5 所示。

表 8-5 混燃发电系统每发电 1 万 kW·h 生命周期各阶段的环境影响潜值

影响类型	秸秆与煤获取阶段	秸秆与煤运输阶段	发电厂运行阶段	总潜值
全球变暖潜值 kg/a CO_2 当量	599.09	104.31	20 279.83	20 983.23
酸化影响潜值 kg/a SO_2 当量	0.96	0.30	57.27	58.53
富营养化潜值 kg /a NO_3^- 当量	0.48	0.14	44.30	44.92
烟尘 kg /a TSP 当量	8.84	40.28	810.79	859.91

3. 环境影响潜值的标准化

本章采用 1990 年全社会环境潜在总影响作为标准化基准[17]，得到煤与生物质混燃发电系统的环境污染潜值相对于整个社会活动所造成的环境影响的程度。标准化的计算公式为

$$NEP(m)=EP(m)/ER(m) \tag{8-2}$$

式中，$NEP(m)$ 为第 m 种环境影响潜值标准化后的值，单位：标准人当量；$EP(m)$ 为混燃发电系统中的第 m 种环境影响潜值；$ER(m)$ 为标准化基准，是 1990 年全社会的第 m 种环境影响潜值。

秸秆与煤混燃发电系统每发电 1 万 kW·h 的标准化及加权后的环境影响潜值如表 8-6 所示。

表 8-6 秸秆与煤混燃发电系统每发电 1 万 kW·h 的标准化及加权后的环境影响潜值

标准化	影响潜值	标准化基准 kg/（人 • a）	标准化后的影响潜值 /标准人当量	权重因子	加权后影响潜值/标准人当量
全球变暖	20 983.23	8 700（CO_2 当量）	2.41	0.83	2.00
酸化	58.53	36（SO_2 当量）	1.63	0.73	1.19
富营养化	44.92	62（NO_3^- 当量）	0.72	0.73	0.53
烟尘	859.92	18	47.77	0.61	29.14

4. 加权评估及环境影响负荷

为了比较不同环境影响类型的相对严重性，需要对标准化的影响潜值进行加权处理。针对不同影响类型对环境的损伤程度赋予不同的权重，以更加合理地评价混燃发电系统的环境影响。权重的确定采用“目标距离”方法，即某种环境影响的严重性权重用该环境影响全社会当前水平与全社会给定的目标水平之间的比值来表示[19]。权重因子的确定公式为

$$\mathrm{WF}(m)=\mathrm{ER}(m)_{\mathrm{base}}/\mathrm{ER}(m)_{\mathrm{aim}} \tag{8-3}$$

式中，$\mathrm{WF}(m)$ 为混燃发电系统第 m 种环境影响类型的权重因子；$\mathrm{ER}(m)_{\mathrm{base}}$ 为 1990 年第 m 种环境影响潜值；$\mathrm{ER}(m)_{\mathrm{aim}}$ 为目标年份第 m 种环境影响潜值。

根据权重对标准化后的环境影响潜值进行加权分析，得出在混燃发电过程中的主要环境影响加权后的环境影响潜值（表 8-6）。将各种影响潜值相加可以计算出煤与生物质混燃发电（5%生物质，能量百分比）每发电 1 万 kW·h 的总环境影响负荷为 32.86 标准人当量。加权后结果表明，在发电过程中，产生的主要环境影响为烟尘的排放，其次为煤与生物质燃烧发电产生的全球变暖及排放的 SO_2 和 NO_x 造成的酸化环境影响。

8.4.5 结果汇总

以秸秆与煤混合直燃发电系统（玉米秸秆占 5%，能量百分比）为研究对象，分析了每发电 1 万 kW·h 的能源消耗和污染物排放，得出以下结论。

1）秸秆与煤混燃发电系统全生命周期生产 1 万 kW·h 电量的总能源输入为 86 864.02MJ（其中燃料煤在开采获取阶段、运输阶段和发电阶段的总能量输入占 99%，其余为玉米秸秆在各生命周期内的能源消耗），秸秆与煤获取阶段 41.41MJ、秸秆与煤运输阶段 38.74MJ 和电厂运行阶段 968.40MJ。

2）混燃发电系统每发电 1 万 kW·h 向大气排放 CO_2 9 682kg、烟尘 859.92kg、SO_2 35.24kg、NO_x 33.27kg、CH_4 30.59kg。当前，我国火力发电厂每发电 1 万 kW·h 向大气排放 CO_2 10t、SO_2 80kg、NO_x 50kg。与同等规模的火力发电系统相比，该混燃发电系统可以减少 CO_2 排放量 0.032kg/kW·h，其他污染物排放也比常规的火力发电少得多。

3）混燃发电系统每发电 1 万 kW·h 的环境影响总负荷为 32.86 标准人当量，其中全球变暖加权后的影响潜值为 2.00，酸化的加权影响潜值为 1.19，富营养化的加权影响潜值为 0.53，烟尘的加权影响潜值为 29.14。可以看出，烟尘的影响潜值远远大于全球变暖、酸化和富营养化的影响潜值。这是由于在燃烧发电过程中，烟尘的排放没有得到很好的控制。若采取合理的烟尘治理措施，如将燃烧后产生的烟气经过脱硝装置、静电除尘器、脱硫装置后再排入大气，则可有效地减少烟

尘的排放量。以燃烧 1t 煤产生 15kg 烟尘为基础计算得到，经过烟气改造后烟尘的加权影响潜值将降低至 5.08，环境影响总负荷也将减少至 8.8 标准人当量。因此，建议国家应该积极制定相应的环境标准，强制混燃电厂完善除尘设备，以减少烟尘的排放量，降低对环境的影响。

参 考 文 献

[1] 张晓航．吉林省燃煤锅炉生物质混燃的试燃研究[D]．长春：吉林建筑工程学院，2012.

[2] DEMIRBAS A. Combustion systems for biomass fuel[J]. Energy sources part a：recovery, utilization and environmental effects, 2007, 29(4):303-312.

[3] WU J, LIN W, WANG L, et al . Assessment of straw biomass availability for bioenergy production in Heilongjiang Province, China[J]. Journal of applied science, 2013, 13(21):4570-4574.

[4] 田宜水，孟海波，孙丽英，等．秸秆能源化技术与工程[M]．北京：人民邮电出版社，2010.

[5] 徐庆福，王立海．现有生物质能转换利用技术综合评价[J]．森林工程，2007，23（4）：8-11.

[6] 吴金卓，马琳，林文树．生物质发电技术和经济性研究综述[J]．森林工程，2012，28（5）：102-106.

[7] 孙永明，袁振宏，孙振钧．中国生物质能源与生物质利用现状与展望[J]．可再生能源，2006（2）：78-82.

[8] WANG C P, WU Y J, LIU Q, et al. Analysis of the behavior of pollutant gas emissions during wheat straw/coal cofiring by TG-FTIR[J]. Fuel processing technology, 2011, 92(5): 1037-1041.

[9] 张小英，马晓茜，邹治平．循环流化床中谷壳与煤共燃 SO_2 生成特性研究[J]．煤炭转化，2005，28（4）：50-52.

[10] 李至．生物质与煤混燃灰熔融特性及其影响研究[D]．武汉：华中科技大学，2015.

[11] 徐金苗．煤与生物质混燃中生物质识别技术和混燃比校核模型研究[D]．北京：清华大学，2010.

[12] MARANO J J, CIFERNO J P. Life-cycle greenhouse-gas emissions inventory for fisher-tropsch fuels[R]. U.S. Department of Energy, National Energy Technology Laboratory, 2001.

[13] 刘敬尧，钱宇，李秀喜，等．燃煤及其替代发电方案的生命周期评价[J]．煤炭学报，2009，34（1）：133-138.

[14] 武民军．燃煤发电的生命周期评价[D]．太原：太原理工大学，2011.

[15] 胡志远，谭丕强，楼狄明，等．不同原料制备生物柴油生命周期能耗和排放评价[J]．农业工程学报，2006，23（11）：141-146.

[16] 冯超，马晓茜．秸秆直燃发电的生命周期评价[J]．太阳能学报，2008，29（6）：711-715.

[17] 刘俊伟，田秉晖，张培栋，等．秸秆直燃发电系统的生命周期评价[J]．可再生能源，2009，27（5）：102-106.

[18] 赵红颖．生物质发电的生命周期评价[D]．成都：西南交通大学，2010.

[19] 杨建新，徐成．产品生命周期评价方法及应用[M]．北京：气象出版社，2002.